U0295578

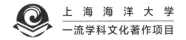

上海海洋大学
一流学科文化著作项目

上海海洋大学档案里的捕捞学

汪洁　主编

PISCATOLOGY MINED FROM
THE ARCHIVE IN SHANGHAI OCEAN UNIVERSITY

上海三联书店

编审委员会成员

总　序

　　浩瀚深邃的海洋，孕育了她海纳百川、勤朴忠实的品格；变化万千的风浪，塑造了她勇立潮头、搏浪天涯的情怀。作为多科性应用研究型高校，上海海洋大学前身是张謇、黄炎培1912年创建于上海吴淞的江苏省立水产学校，1952年升格为中国第一所本科水产高校——上海水产学院，1985年更名为上海水产大学，2008年更为现名。2017年9月，学校入选国家一流学科建设高校。在全国第四轮学科评估中，水产学科获A+评级。作为国内第一所水产本科院校，学校拥有一大批蜚声海内外的教授，培养出一大批国家建设和发展的杰出人才，在海洋、水产、食品等不同领域做出了卓越贡献。

　　百余年来，学校始终接续"渔界所至、海权所在"的创校使命，不忘初心，牢记使命，坚持立德树人，始终践行"勤朴忠实"的校训精神，始终坚持"把论文写在世界的大洋大海和祖国的江河湖泊上"的办学传统，围绕"水域生物资源可持续开发与利用和地球环境与生态保护"学科建设主线，积极践行服务国家战略和地方发展的双重使命，不断落实深化格局转型和质量提高的双重任务，不断增强高度诠释"生物资源、地球环境、人类社会"的能力，努力把学校建设成为世界一流特色大学，水产、海洋、食品三大主干学科整体进入世界一流，并形成一流师资队伍、一流科教平台、一流科技成果、一流教学体系,谱写中国梦海大梦新的篇章!

文化是国家和民族的灵魂，是推动社会发展进步的精神动力。党的十九大报告指出，文化兴国运兴，文化强民族强。没有高度的文化自信，没有文化的繁荣兴盛，就没有中华民族伟大复兴。习近平总书记在全国宣传思想工作会议上强调，做好新形势下的宣传思想工作，必须自觉承担起举旗帜、聚民心、育人、兴文化、展形象的使命任务。国务院印发的"双一流"建设方案明确提出要加强大学文化建设，增强文化自觉和制度自信，形成推动社会进步、引领文明进程、各具特色的一流大学精神和大学文化。无论是党的十九大报告、全国宣传思想工作会议，还是国家"双一流"建设方案，都对各高校如何有效传承与创新优秀文化提出了新要求、作了新部署。

大学文化是社会主义先进文化的重要组成部分。加强高校文化传承与创新建设，是推动大学内涵发展、提升文化软实力的必然要求。高校肩负着以丰富的人文知识教育学生、以优秀的传统文化熏陶学生、以崭新的现代文化理念塑造学生、以先进的文化思想引领学生的重要职责。加强大学文化建设，可以进一步明确办学理念、发展目标、办学层次和服务社会等深层次问题，内聚人心外塑形象，在不同层次、不同领域办出特色、争创一流，提升学校核心竞争力、社会知名度和国际影响力。

学校以水产学科成功入选国家"一流学科"建设高校为契机，将一流学科建设为引领的大学文化建设作为海大新百年思想政治工作以及凝聚人心提振精神的重要抓手，努力构建与世界一流特色大学相适应的文化传承与创新体系。以"凝聚海洋力量，塑造海洋形象"为宗旨，以繁荣校园文化、培育大学精神、建设和谐校园为主线，重点梳理一流学科发展历程，整理各历史阶段学科建设、文化建设等方面的优秀事例、文献史料，撰写学科史、专业史、课程史、人物史志、优秀校友成果展等，将出版《上海海洋大学水产学科史（养殖篇）》《上海海洋大学档案里的捕捞学》《水族科学与技术专业史》《中国鱿钓渔业发展史》《沧海钩沉：中国古代海洋文化研究》《盐与海洋文化》、等专著近20部，切实增强学科文化自信，讲好一流学科精彩故事，传播一流学科好声音，为学校改革发展和"双一流"建设提供强有力的思想保证、精神动力和舆论支持。

进入新时代踏上新征程，新征程呼唤新作为。面向新时代高水平特色大学建设目标要求，今后学校将继续深入学习贯彻落实习近平新时代中国特色社会主义思想和党的十九大精神，全面贯彻全国教育大会精神，坚持社会主义办学方向，坚持立德树人，主动对接国家"加快建设海洋强国""建设生态文明""实施粮食安全""实施乡村振兴"等战略需求，按照"一条主线、五大工程、六项措施"的工作思路，稳步推进世界一流学科建设，加快实现内涵发展，全面开启学校建设世界一流特色大学的新征程，在推动具有中国特色的高等教育事业发展特别是地方高水平特色大学建设方面作出应有的贡献！

上海海洋大学党委书记　　吴嘉敏

序

　　档案是历史的记忆和足迹，是一代代人的心血和智慧。在上海海洋大学档案馆里，收藏着上海海洋大学捕捞学科发展的点点滴滴。其中有先辈们远见卓识对中国捕捞业和捕捞学科的思考与布局，也有代代捕捞学人不懈追求、探索和创造的身影。2017年末，面对"双一流"要求下高水平特色大学建设与发展，上海海洋大学档案馆一间办公室里，两个人立足档案工作，突发灵感，一拍即合——为何不从历史档案里挖掘智慧，为捕捞学科今后的建设与发展提供借鉴，或者为人才培养提供权威的佐证和文脉滋养？于是，产生了编写《上海海洋大学档案里的捕捞学》一书的最初想法。

　　的确，捕捞是人类最为悠久的生产活动之一，历史悠久到没有人能说清楚它何时产生。沿海各地遗留的贝塚，六七千年前河姆渡遗址、半坡遗址等出土的渔具，展示了捕捞业曾经盛极一时，在远古社会具有举足轻重的地位。然而，捕捞学正式成为学校里讲授传习的一门学科、一门学问，对中国人而言却肇始于20世纪初叶。

　　1904年，在德国人"瓦格罗"号等列强屡屡侵渔的刺激下，翰林院修撰、著名实业家、教育家张謇提出"渔界所至，海权所在也"的观点，向清廷倡议创办水产公司和水产学校。他以吴淞居中国南北海岸线中点，规划重点筹措，沿海各省分别创办。在著名教育家黄炎培襄助下，江苏省立水产学校（上海海洋大学前身）于1912年正式创办，首任校长张镠，初设渔捞、制造二科。时光荏苒，一百多年过去了，捕捞学成为一门利国惠民的重要学科。曾经的捕捞学吴淞派，由起初炮台湾一隅逐步向外推广辐射、衍生发展，慢慢走进众多高校和科研院所。如今纸上画来，这一学科谱系竟如一棵枝繁叶茂的参天大树，佑护着树下孜孜以求的捕捞学人和求知若渴的莘莘学子。

捕捞学在发展过程中创造了大量生动的故事，遗憾的是有的不幸消失在硝烟战火里，有的遗失在匆匆忙忙的历史脚步里，有的有幸保存下来，成为上海海洋大学档案馆沉甸甸的历史记忆。如今拂去尘埃，翻寻这些历史档案，没有引人注目的动人画面，没有振聋发聩的天籁之音，没有听者云集的豪言壮语，有的只是质朴的文字、发黄的照片、确凿的凭证，然而在这些历史资料当中却渗透着一种令人感动的张力，一种由内而外的毅力和从容，一种四溢着家国情怀、无比嘹亮的渔歌渔号子。其中，既有奠定中国捕捞学之基的前辈，也有中继续航的杰出才俊；既有绘就中国捕捞学科空间布局的规划师，也有业务突出造福万家的专家学者；既有全程参加第三次联合国海洋法谈判的渔业法和海洋法耆宿，也有继往开来、勇于创新的后起之秀……可谓激流勇进，人才辈出。

因此，从档案视角展现捕捞学科成长背后的故事，用权威的历史印记再现弦歌永续的睿智、坚忍和温度，呈现捕捞学科的成长史，绍介积淀其中隽永的捕捞文脉，给后人以精神涵养，给今后捕捞学科建设以启示，是编撰本书的初衷与愿望。然而，由于档案搜集的有限性，一些档案的历史局限性，编撰者自身能力的有限性，致使本书所呈现的档案，仅仅是捕捞学历史积淀的沧海一粟。希望通过这沧海一粟，可以起到一叶知秋之效，为捕捞学科再创佳绩、步入新台阶有所启示和助益。

上海海洋大学党委书记

2018 年 12 月 6 日

目　录

校名印迹

上海海洋大学前身为民国元年（1912年）创办于吴淞炮台湾的江苏省立水产学校。

自1912年江苏省立水产学校创办至2018年上海海洋大学，一百多年来，学校校名历经十一次变更，依次为江苏省立水产学校（1912.12—1927.11）、第四中山大学农学院水产学校（1927.11—1928.2）、江苏大学农学院水产学校（1928.2—1928.5）、国立中央大学农学院水产学校（1928.5—1929.7）、江苏省立水产学校（1929.7—1937.8）、上海市吴淞水产专科学校（1947.6—1951.3）、上海水产专科学校（1951.3—1952.8）、上海水产学院（1952.8—1972.5）、厦门水产学院（1972.5—1979.5）、上海水产学院（1979.5—1985.11）、上海水产大学（1985.11—2008.3）、上海海洋大学（2008.3— ）。

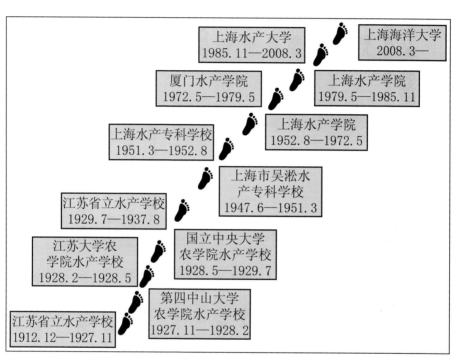

1912 年至 2018 年校名变更图

江苏省立水产学校校门

上海海洋大学校门

实习船回眸

　　自 1912 年学校创办至 2018 年，学校先后有实习船 16 艘，依次为"淞航"号渔捞实习船（1916—1932 年）、"海丰"号实习船（1920—1932 年）、"集美 2"号实习船（1935—1937 年）、"海宁"号实习船（1947—1948 年）、"华鲣"号实习船（1951—1952 年）、"华鲔"号实习船（1951—1951 年）、"水产"号实习船（1953—1959 年）、"奋发"号实习船（1959—1972 年）、"图强"号实习船（1959—1972 年）、"海育 1"号实习船（1976—1994 年，曾用名"闽渔 451"号实习船、"沪水院 1"号实习船）、"海育 2"号实习船（1976—1994 年，曾用名"闽渔 452"号实习船、"沪水院 2"号实习船）、淡水渔业实习船（1985—1995）、"浦苓"号实习船（1985—1998 年）、"中水 9203"号实习船（1993—2003 年）、"中水 9309"号实习船（1993—2003 年）、"淞航"号远洋渔业资源调查船（2017—　）。

"淞航"号渔捞实习船（1916—1932 年）

"海丰"号实习船（1920—1932 年）

"水产"号实习船（1953—1959 年）

"闽渔 451"号实习船（1976—1994 年）

"闽渔452"号实习船（1976—1994年）

"浦苓"号实习船（1985—1998年）

"中水 9309"号实习船（1993—2003 年）

"淞航"号远洋渔业资源调查船（2017—　　）

上篇　学科追溯

一、学科含义

根据考古发现及其研究，人类社会的生产活动是从捕鱼和打猎开始。中国的海淡水捕捞渔业历史源远流长，内涵丰富。《竹书纪年》（古本）记载，夏代帝王"芒命九夷，东狩于海，获大鱼"。可见，夏代就开始大规模使用奴隶开展海洋渔业生产。东汉时期出现了一种模拟鱼诱集鱼群，然后钓捕的方法。东汉王充《论衡·乱龙篇》中记载："钓者以木为鱼，丹漆其身，近水流而击之，起水动作，鱼以为真，并来聚会。"宋代出现了鳜鱼诱捕法。宋人罗愿《尔雅翼》中记载："渔人以索贯一雄，置之溪畔，群雌来，齿曳之不舍，制而取之，常得数十尾。"唐代诗人陆龟蒙的《渔具咏》叙述了渔具的分类、结构和作业原理。明、清时期，捕捞业已相当发达，渔具种类发展到拖网、围网、张网、刺网、钓具和笼壶等。进入 20 世纪，中国引进国外机动渔船及其设备，促进了捕捞业的进步，也推动了捕捞学的发展和提高。

关于捕捞学学科（亦称渔捞学），在上海海洋大学档案馆馆藏的《水产学生》（江苏省立水产学校学生会月刊第一期，1929 年 11 月）、《水产辞典》（2007 年 7 月）、《上海海洋大学传统学科专业与课程史》（2012 年 10 月）中已有较详细阐述。

在 1929 年 11 月江苏省立水产学校学生会月刊第一期《水产学生》"论著"栏中冯顺楼《渔捞浅说》绪言、总论中，对渔捞学是这样阐述的：

绪　言

水界广于陆地，尽人皆知；共（其）中出产之丰富，殊非吾人所能意料者；故近年来，已渐移陆上之竞争，而为水中之渔战矣。且自科学发达，于渔捞一项，日臻精密，如渔船之构造，渔具之改良，以及渔场之探检，无不日新月异，进步至速；今略述梗概，以为阅者之参考云耳！

总　论

水中之物产，有鱼类，爬虫类，哺乳类等数种；据最近生物学家之报告，鱼类有三万六千五百三十三种，爬虫类有三千三十三种，哺乳类有二千五百种；他若海藻类甲壳类等，均遍殖海底，综其数量，固不让陆上也。

水产生物之繁多，既如上述，则其探捕之方法，自亦复襟，研究此项之学术，舍渔捞学无他。然因地面水界之远近，有远洋渔业与近海渔业之分；因水质成分之不同，有咸水渔业与淡水渔业之异；复以水之流动或滞停，又有河川渔业与湖沼渔业之别；更如采集海藻者，称采藻业；捕捉海兽者，称海兽猎业；缘情形各别，故渔捞方法，亦随之而变易也。然欲研究之，不外下列七项：

一、渔具

二、渔船

三、渔场

四、渔期

五、饵料

六、渔法

七、渔获物处理法

……

1929年11月江苏省立水产学校学生会月刊第一期《水产学生》封面，冯立民题。[冯立民（1899—1961.5）字宝颖，江苏宝山（今上海市宝山区）人。1918年1月江苏省立水产学校渔捞科毕业。1924年8—12月，任江苏省立水产学校校长。1929年1月，再次担任江苏省立水产学校校长。]

漁撈淺說

馮順樓

論著

緒言

水界廣於陸地，盡人皆知；共中出產之豐富，殊非吾人所能意料者；故近年來，已漸移陸上之競爭，而爲水中之漁戰矣。且自科學發達，于漁撈一項，日臻精密，如漁船之構造，漁具之改，良以及漁場之探檢，無不日新月異，進步至速；今略逑梗概，以爲閱者之參考云耳！

總論

水中之物產，有魚類、爬蟲類、哺乳類等數種；據最近生物學家之報告，魚類有三萬六千五百三十三種，爬蟲類有三千三十三種，哺乳類有二千五百種；他若海藻類甲殼類等，均徧殖海底，綜其數量，固不讓陸上也。

水產生物之繁多，既如上述，則其採捕之方法，自亦複襟，研究此項之學術，含漁撈學無他。然因地面水界之遠近，有遠洋漁業與近海漁業之分；因水質成分之不同，有鹹水漁業與淡水漁業之異；復以水之流動或滯停，又有河川漁業與湖沼漁業之別；更如採集海藻者，稱採藻業；捕捉海獸者，稱

江蘇省立水產學校學生會月刊 18

海獸獵業；緣情形各別，故漁撈方法，亦隨之而變易也。然欲研究之，不外下列七項：

茲挨次說用如下：

七、漁獲物處理法

六、漁法

五、餌料

四、漁期

三、漁場

二、漁船

一、漁具

（一）、漁具

凡直接採捕水產生物之器具，總稱曰漁具，由使用上之區別，可分爲定置漁具（定設漁具）與不定置漁具（移動漁具）之二種。定置漁具云者，乃設置于一定場所，在一定時期內，不須移動之漁具也；不定置漁具，則反之；可隨時隨地，任意運搬而使用之漁具也。

由構造上之不同，可分爲左之四種：

（一）網具

（二）釣具

（三）海獸獵具

（四）雜漁具

（一）漁具　漁具云者，乃利用魚類之自然羣集，設法圍繞或驅使于網中，而捕獲之漁具也。其形狀有：圓形，長方形，帶形，囊形，箕形，袖形等；小者僅數尺，或呈棋盤狀，大者達百餘尋，（六尺爲一尋）一時能捕獲多量之魚介類，故其利益，爲各種漁具之冠。

（A）網具之材料　網具概由網地，浮子，沉子，綱四者構成。網地則爲網綫組成，其原料有大麻，棉花，薴生絲，棕招皮，白棕亞麻等，及其他強靭植物纖維，均得採用；就中最多使用者，爲棉花，大麻，白棕，亞麻四種。棉麻二項，吾國產額顏鉅，凡纖維細長而色澤佳良並齊鬚強靭者，爲上用

1929年11月江苏省立水产学校学生会月刊第一期
《水产学生》中对渔捞学的阐述

等．白棕則爲菲律賓之特產品，主由馬尼剌港輸出，故多以馬尼剌名之，其纖維不易腐敗，使用於網及網線者頗多．凡網線品質之優劣，與漁業殊有密切之關係，業斯者，實不可不注意及之焉．辨別之方法，有下列四項：

甲，纖維細長而有光澤者

乙，抵抗力强者

丙，品質相同纖維整齊者

丁，纖維純白者

（B）網具之分類　網具形狀上之複雜，旣如上述，茲以使用上之各別，分類說明如下：

（甲）曳網類　曳網之構造，槪備一囊兩翼；以兩翼包圍魚羣，引入囊中而捕獲之．宜於近海沿岸，而無岩礁沙著等之漁場．可別爲地曳網，船曳網二種．

（乙）繰網類　此網具酷似曳網，專捕水底之魚類；其與曳類不同之點，卽曳網之上綫浮水面，繰網則全體沉沒水中；又繰網之兩翼較曳網短，且囊口之前方或附有覆網，囊袋之中央或有附斗漏網，以阻止魚類之逃逸也．可分爲手繰網，打瀨網等數種．

（丙）旋網類　由曳網變化而成，槪長方形，中央較闊，或有備囊者，用以圍繞魚羣，使之集入囊部而捕獲之．專用以捕洄游魚類者也．

（丁）刺網類　槪橫長縱短，殆如片網，其目的專使魚類刺入目中，以繩絡魚體而獲之．可分爲底刺網，浮刺網，旋刺網，流刺網四種．

（戊）掩網類　槪圓錐形囊狀網，有沉子而無浮子，其輒旨自水面投入水中，掩蔽魚類而捕獲之．均使用於沿岸之淺處，若達二十尋之深度，則全失其效力矣．可以分爲投網，提燈網二種．

（己）抄網類　此網形狀不一，有圓形，橢圓形，三角形等，槪爲囊狀；專擋取沿岸或池沼之魚介類也，可分爲纒網，擋網二種．

1929 年 11 月江苏省立水产学校学生会月刊
第一期《水产学生》中对渔捞学的阐述

在 2007 年 7 月水产辞典编辑委员会编撰、上海辞书出版社出版的《水产辞典》中，有如下捕捞学定义：

捕捞学（piscatology）根据捕捞对象种类、生活习性、数量、分布、洄游，以及水域自然环境的特点，研究捕捞工具、捕捞方法的适应性、捕捞场所的形成和变迁规律的应用学科。是渔业科学分支之一。按研究内容，可分为：研究捕捞工具设计、材料性能、装配工艺的"渔具学"；研究捕捞对象的行为、捕捞方法的"渔法学"；研究捕捞场所形成机制和变迁的"渔场学"等。为可持续发展利用渔业资源和发展水产捕捞业提供依据。

2007 年 7 月《水产辞典》中的捕捞学定义

在 2012 年 10 月潘迎捷、乐美龙主编，上海人民出版社出版的《上海海洋大学传统学科、专业与课程史》中，捕捞学定义是这样写的：

> 捕捞学亦称渔捞学，是水产学的一个分支学科，是研究渔具、渔法和作业渔场的一门应用性学科。与渔业资源学、海洋学、气象学等学科有着密切联系。

2012 年 10 月《上海海洋大学传统学科、专业与课程史》中捕捞学定义

第四章　捕捞学学科

捕捞学亦称渔捞学，是水产学的一个分支学科，是研究渔具、渔法和作业渔场的一门应用性学科，与渔业资源学、海洋学、气象学等学科有着密切联系。

古代，人类为了生存以渔猎获取食物。陆上以猎为主，内陆水域和海洋以渔为主。人们在长期的渔业生产活动中，积累了丰富的捕鱼经验，不断创造各种渔具和渔法，开发资源量大的渔场。中国海洋水捕捞生产有着悠久的历史，据竹书纪年[1]记载，夏代帝王芒"东狩于海，获大鱼"，说明夏代就开始海洋渔业生产。唐代陆龟蒙的《渔具咏》叙述了渔具的分类、结构和作业原理。明、清时代，捕捞业已相当发达，渔具种类已发展到拖网、围网、张网、刺网、钓具和笼壶等，对国际渔业发展具有重要作用。进入 20 世纪，中国引进国外机动渔船及其设备，促进了捕捞业，也使捕捞学得到了发展和提高。

学校从 1912 年创建时就设置渔捞科，十分重视实践性教学环节，校内有织网、钓钩制作、气象观测、操艇等实习，还组织师生参加渔汛生产、渔业调查、海洋观察等，提高捕捞学学科水平，充实教学内容。校长张镠曾亲自带领师生赴浙江沿海从事渔业和渔场调查，在长江口从事鲚鱼网作业和调查研究。从 20 世纪 50 年代起，随着渔业生产的发展，国家科学技术发展规划的实施，以及国际交流的开展，学校在捕捞学学科的建设方面取得明显发展和提高，为国家做出重大贡献。百年来为国家培养和输送了大批渔业生产、教育、科研和渔业管理部门的优秀高级专业人才。捕捞学学科多次承担国家攻关和农业部、上海市的海洋捕捞科研项目，并多次获得国家级、省部级科技进步奖等奖项。学校的捕捞学学科的总体水平始终处于全国领先地位。

一、沿革

捕捞学学科发展大体可分为 5 个时期。

64

二、创设背景

清朝末期，清廷积弱，强敌环伺，沙俄、德、日等国对我沿海侵渔猖獗。清末状元、时任翰林院修撰张謇通过商部附奏《条陈渔业公司办法》，向清廷商部奏议设立渔业公司。另提议创办水产、商船两学校，以护渔权而张海权、兴渔利而助商战。

张謇（1853.7.1—1926.7.17）字季直，号啬庵，江苏通州（今南通）人。江苏省立水产学校主要创办人。中国近代实业家、政治家、教育家。

光绪三十年（1904 年），清廷批准张謇通过商部附奏的《条陈渔业公司办法》。

南洋大臣照會

爲咨行事光緒三十年三月十四日准

商部咨行光緒三十年三月初一日准軍機處片交本部具奏翰林院修撰張謇

條陳魚業公司辦法一片奉

旨着商部咨行沿海各督撫妥籌辦理欽此相應傳知欽遵等因到部查原奏內稱

整頓商務莫如籌辦各項公司廣興實業是以　臣部擬訂商律上年十二月間

先將公司條例奏請

欽定頒行在案茲據江蘇在籍翰林院修撰張謇條陳漁業公司辦法呈請核准試

辦前來查呈內稱中國濱海之業魚鹽並稱其專爲漁者窮海荒島之民無大

資本非若鹽有場運各商爲之主也各國則視漁業爲關係海權最大之事其

領海界限由三海里漸展至十海里所謂領海者平時捍圉邊警及戰時局外

中立之界限亦即保護魚利之界限兩國分界處往往以兵艦守之每有因爭

擬辦中國漁業公司紀要

一

1904 年《拟办中国渔业公司纪要》中记载清廷批准
张謇通过商部附奏的《条陈渔业公司办法》

1906 年沈同芳著《中国渔业历史》中记载张謇提议在吴淞总公司附近创办水产、商船两学校：

> 议就吴淞总公司附近建立水产、商船两学校，即选渔业各小学校毕业学生。聪颖体弱者学水产，体壮者习驾驶。学成之后，即以渔轮为练习。商船与兵船，驾法略同。则渔业与海军，影响尤切，此为渔业中振尚武之精神。謇既以上所条议白诸商部复咨南洋大臣。

漁業歷史

往以重貲購致之。孵化有學。飼畜有法。製造有業。防範有令。皆水產學之

事也。日本汽船初興。駕駛管輪。亦借材於歐美。今則自商船至海軍。皆本

國學生學成備用。歐美之人踪跡無幾。今師其意議。就吳淞總公司坿近

建立水產商船兩學校。卽選漁業各小學校畢業學生。聰穎體弱者學水

產。體壯者習駕駛。學成之後。卽以漁輪爲練習商船。與兵船駕法略同。則

漁業與海軍影響尤切。此爲漁業中振尚武之精神。謇既以上所條議白

諸商部。復咨南洋大臣。就吳淞隙地與空間官房。撥爲暫行建設公司之

用。循序而進。以漁會爲總公司之附屬品。而學校者尤漁業之母也。練習

駕駛爲海軍之預備。則尤因母匯得子也。政治與實業之組合。蓋有如此

者。

三十五

1906 年《中国渔业历史》中记载了张謇提议建立水产、商船两学校

民国元年（1912年）12月6日，上海海洋大学前身——江苏省立水产学校创立，江苏省都督委任日本东京水产讲习所归国留学生张镠为校长。

张镠（1882—1925） 字公镠，江苏嘉定（今上海市嘉定区）人，江苏省立水产学校首任校长，中国水产教育开创人之一。

民国四年（1915年）《江苏省立水产学校之刊》（第一刊）中记载：

民国元年五月九日　江苏都督委任张镠为水产学校筹办员

清之末年，江苏谘议局议决设立水产学校，未及设，而江苏反正，民国成立，临时省议会于元年十个半月预算案内议决设立是校。

……

十二月六日都督委任筹办员张镠为校长

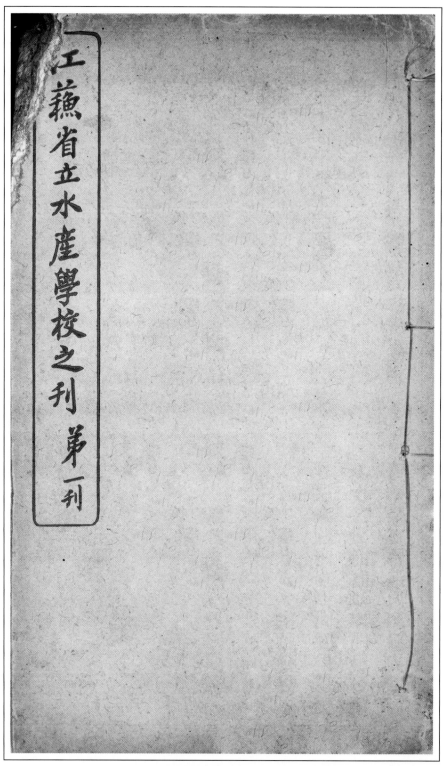

1915 年《江苏省立水产学校之刊》(第一刊) 封面

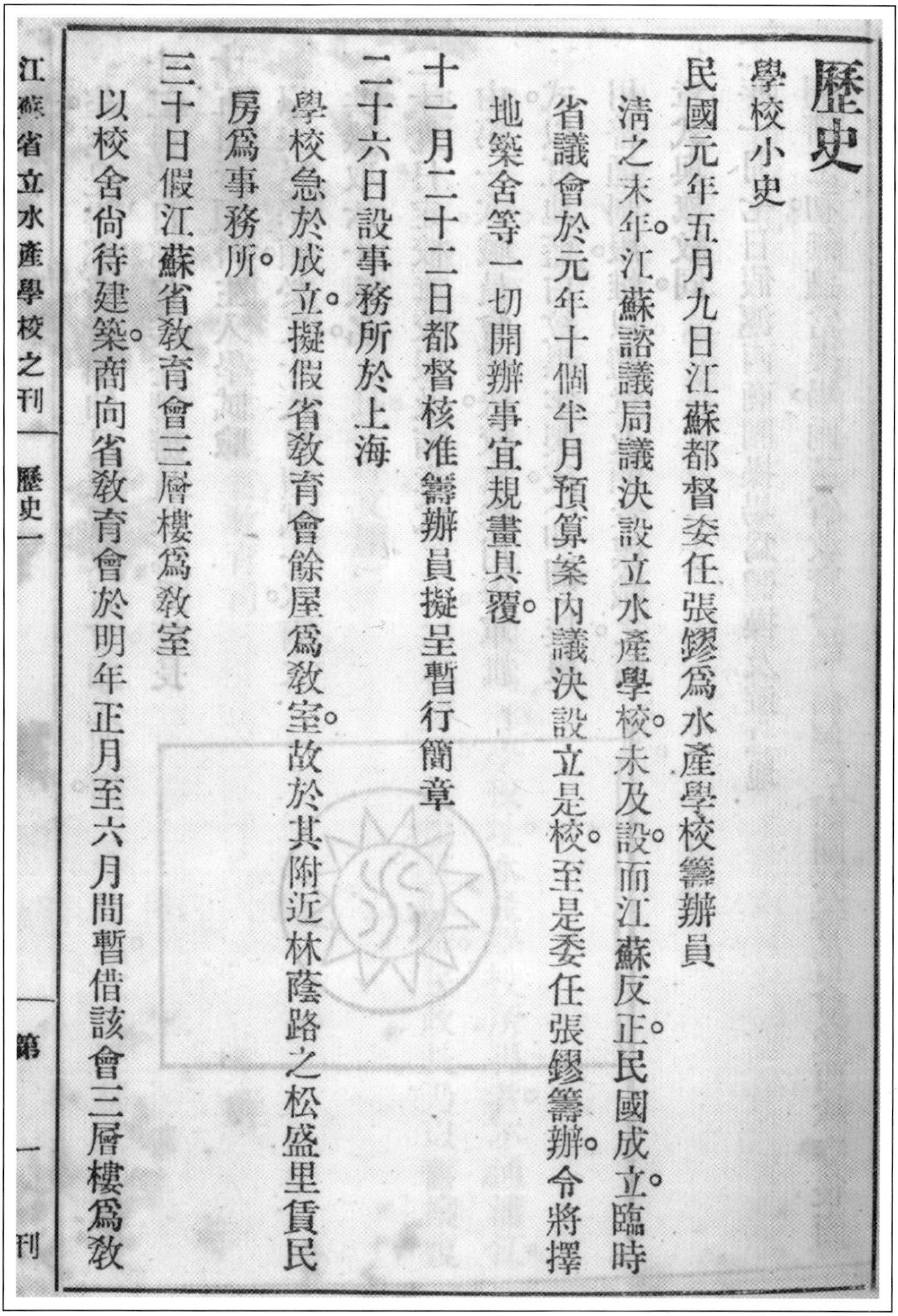

歷史

學校小史

民國元年五月九日江蘇都督委任張鏐爲水產學校籌辦員

清之末年江蘇諮議局議決設立水產學校未及設而江蘇反正民國成立。臨時

省議會於元年十個半月預算案內議決設立是校至是委任張鏐籌辦令將擇

地築舍等一切開辦事宜規畫具覆。

十一月二十二日都督核准籌辦員擬呈暫行簡章

二十六日設事務所於上海

學校急於成立擬假省教育會餘屋爲教室故於其附近林蔭路之松盛里賃民

房爲事務所。

三十日假江蘇省教育會三層樓爲教室

以校舍尙待建築商向省教育會於明年正月至六月間暫借該會三層樓爲教

1915 年《江苏省立水产学校之刊》(第一刊) 中记载议决设立水产学校

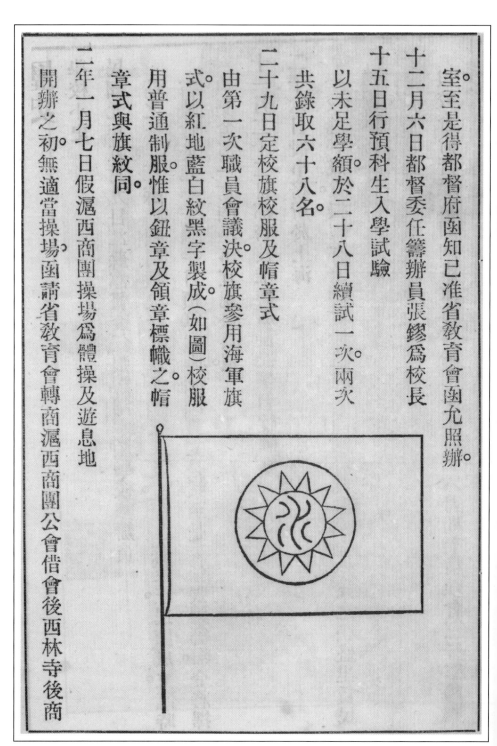

室。至是得都督府函知已准省教育會函允照辦。

十二月六日都督委任籌辦員張鏐爲校長

十五日行預科生入學試驗

以未足學額。於二十八日續試一次。兩次

共錄取六十八名。

二十九日定校旗校服及帽章式

由第一次職員會議決。校旗參用海軍旗

式。以紅地藍白紋黑字製成（如圖）校服

用普通制服。惟以鈕章及領章標幟之。帽

章式與旗紋同。

二年一月七日假滬西商團操場爲體操及遊息地

開辦之初無適當操場函請省教育會轉商滬西商團公會借會後西林寺後商

1915 年《江苏省立水产学校之刊》（第一刊）中记载委任张镠为校长

　　民国元年（1912年）十月，张镠向江苏都督递交《呈都督胪陈本校办法文》，提出拟先设渔捞、制造两科。

　　民国四年（1915年）《江苏省立水产学校之刊》（第一刊）中，记载民国元年（1912年）十月，张镠向江苏都督递交《呈都督胪陈本校办法文》：

　　　　为呈请事，窃镠于本年六月十九日将前往吴淞踏勘校址并以先行开办续筑校舍理由分别呈报在案。正拟编订预算筹备进行，忽于九月一日严父见背，方寸已乱。对于学校筹备各事，不得不暂时搁置。兹奉到民政司函催呈报二年度预算案，方知限期已过，抱歉殊深。爰就管见所及，分条胪列，呈请核准遵行。须至呈者，
　　　　右呈江苏都督程
　　　　谨拟办法如下：
　　　　一程度遵照教育部令甲种实业学校办法。
　　　　一拟先设渔捞制造两科，五年后续办养殖科。

文牘

呈都督臚陳本校辦法文　民國元年十月　日

爲呈請事竊鏐於本年六月十九日將前往吳淞踏勘校址幷以先行開辦續築校舍理由分別呈報在案正擬編訂預算籌備進行忽於九月一日嚴父見背方寸已亂對於學校籌備各事不得不暫時擱置茲奉到民政司函催呈報二年度預算案方知限期已過抱歉殊深爰就管見所及分條臚列呈請核准遵行須至呈者右呈

江蘇都督

謹擬辦法如下

一程度遵照教育部令甲種實業學校辦法。

一擬先設漁撈製造兩科五年後續辦養殖科。

（甲）凡魚類中之扁魚類價值最高而其幼魚常棲息於近海其事實早經多數學者研究已得確鑿證據則保護是種魚類非藉具有魚類智識者斷不能調

1915 年《江苏省立水产学校之刊》(第一刊) 中记载民国元年（1912 年）十月《呈都督胪陈本校办法文》

三、历史沿革

上海海洋大学捕捞学起源于民国元年（1912 年）江苏省立水产学校初创时设立的渔捞科。

一百多年来，捕捞学与学校同发展共命运，饱经沧桑而不衰，历受磨难而更强。历代先辈们不忘初心，薪火相传，砥砺前行。

《上海海洋大学传统学科、专业与课程史》（2012 年 10 月）将学校捕捞学学科发展分为 5 个时期：江苏省立水产学校时期、上海水产学院时期、厦门水产学院时期、上海水产大学初期、上海水产大学后期和上海海洋大学时期。

（一）江苏省立水产学校时期

学校筹创时，非常重视渔捞科学生的实践教学。为了便于渔捞科学生出海实习，校长张镠多次请求与复旦公学互换校址。

《江苏省立水产学校之刊》（第一刊）中记载，因张謇原规划吴淞炮台湾校址不便渔捞科学生出海实习，民国元年（1912 年）6 月 19 日，张镠向江苏都督递交《呈都督请与复旦公学互易校址文》，请求与复旦公学互换校址。

《呈都督请与复旦公学互易校址文》（节录）中写道：

> 与复旦公学所划之校址互易。其理由如左。……渔捞科学生实习，以练习运用为最重，是以学校前后，能有通海河流筑港系留船只为上。今查原定地址，北围随塘河，蜿蜒入内地，不与江浦相通。东系海塘，水流湍激，断不能凿池为系留场，不如复旦公学地址之合宜于实习上之关系。

江蘇省立水產學校之刊　文牘八　第一刊

竊意方今振興實業在在需人上至官長下至商民各具愛國熱誠苟有

利於實業前途者當無不歡迎而歌舞之吳淞出漁浙洋及至泰豐實習

均不滿半日經濟交通兩有所得此又一理由

附言　東西各國學校大率不設寄宿舍故校務非常簡單我國現狀及學生程

度勢不能不有校中監督斟酌其間校中雖設寄宿舍飯食一項援各國成例

與校費無涉定為學生膳費每年三十圓（十個月計算）校役每年二十圓職

教員膳費自定由校中指定廚役包備由庶務員監督均由每月初交庶務員

由庶務員轉交廚役如是則職教員飲食既可自由而在學校經濟亦得以稍

減且學生所出膳費均為廚役所得而學校僅處於監督之地位飯食美惡易

於裁判亦為預避風潮之一法事雖創舉然證諸世界毫無窒礙度以我國情

形亦未見有難行之處故本豫算中不將膳費列入

呈都督請與復旦公學互易校址文　民國元年六月十九日

1915年《江苏省立水产学校之刊》（第一刊）中记载1912年
《呈都督请与复旦公学互易校址文》

為呈請事。六月十二日奉第六百九十號訓令。內開據民政司稱准臨時省議會知

會於元年預算案內議決設立水產學校亟應派員籌辦開校事宜今委任張鏐為

水產學校籌辦員在籌辦期內月支公費銀五十圓以資辦公除另發任狀外合

行訓令該員將該校擇地築舍等一切開辦事宜妥為規畫具復此令等因奉此遵

即前往吳淞勘地建築竊維吳淞炮台灣面積遼闊人烟稀疏外濱大海地址低窪。

隆冬之候寒風凜烈冷氣逼人春夏多潬氣日光熏蒸人易致疾是以建築校舍宜

堅實樸質不務美觀地址宜築高至三尺以上庶得免海濱潮溼之惡習竊計學校

開辦經費款為最鉅如中國公學建築校舍總共費銀十二萬圓商船學校校舍之

築其費亦不下數萬圓民國肇造庶政待舉輕濟之困難達於極點以江蘇之收入。

雖有精明碩學之理財家亦恐難於為計故竊意擬先開學校暫緩築舍謹舉理由

為大都督詳陳之查吳淞校址早由張季直先生謇規劃定妥面積總共六十六畝

五分六厘外濱海面東望黃海北對崇明島江海交通在此一點擘畫精詳何容謷

1915 年《江苏省立水产学校之刊》(第一刊)中记载 1912 年
《呈都督请与复旦公学互易校址文》

議。惟是學校以校址爲基礎。倡辦之初。偶不審愼其貽害於致育者至大。現時學生之學問不充滿。則將來水產業之企圖即多障礙。竊擬以原定之水產學校址三區與復旦公學所劃之校址互易。其理由如左。

一復旦公學之校址。與商船學校毗連。按漁撈科之海洋氣象航海運用等學術均與商船學校受同等之學力。若兩校爲鄰。值此財政困難之際。可以合力爲之敎員亦可各依鐘點認定成數同聘一員。則經費上可得格外之撙節。而學課上可收相輔之利益。一舉兩利同時可得。而在復旦公學校舍一方面言之。則校舍未建築且文法科學校與商船學校本無關係互易之後。亦無損失。此理由之一也。

二漁撈科學生實習。以練習運用爲最重。是以學校前後。能有通海河流築港繫留船隻爲上。今查原定地址北圍隨塘河蜿蜒入內地。不與江浦相通。東係海塘水流湍激斷不能鑿池爲繫留場。不如復旦公學地址之合宜於實習上之關係又一理由也。

1915 年《江苏省立水产学校之刊》（第一刊）中记载 1912 年
《呈都督请与复旦公学互易校址文》

民国二年（1913 年）1 月 30 日，校长张镠向江苏民政长递交《呈民政长请仍指拨复旦公学校址文》，再次请求与复旦公学互换校址。

《呈民政长请仍指拨复旦公学校址文》中记载：

> 为本校校址仍恳指拨适宜地段呈请核示事。案查本校建筑校舍地址。前于民国元年六月沥陈理由。呈请都督程以原定之校址三区与复旦公学所划之校址互易，请求函商复旦公学办理。旋于本年一月九日，又以复旦公学有拒绝之意，深恐迁延时日。呈明民政长请取销此议，另与渔业公司商划较为适合之区各在案。镠惟欲谋本校校址之适宜，本莫如前议之为得，祇以复旦尚存，未宜强更成案。故不得已而有第二次之请求。

三商船學校之右側。新鑿一新開塘外通春申浦。水產學校搬運製造實習場之機械薪炭原料等品。可節人力而省人工。復旦公學。無此種種雖置之他地亦無妨礙又一理由也。

以上三者則是校址未定。一時斷不能先言建築且前清末造國人之通病大抵於基礎未定之事業先言建築耗費巨金不務實際甫經成立而實資已傾大事隨毀此種現狀不知凡幾此繆之所深懼也。故繆之意見宜先借一適宜之屋舍開辦學校一面與復旦公學商議更易地段地段確定再行建築則未有校舍先有學校儲才之地有開必先建築之業徐圖其後於崇實斥虛之義庶乎不背而於作育人才之道亦或有當是否可行伏希察奪須至呈者右呈江蘇都督程

呈民政長請仍指撥復旦公學校址文　民國二年一月三十日

爲本校校址仍懇指撥適宜地段呈請核示案查本校建築校舍地址前於民國元年六月瀝陳理由呈請都督程以原定之校址三區與復旦公學所劃之校址互

1915年《江苏省立水产学校之刊》(第一刊)中记载1913年
《呈民政长请仍指拨复旦公学校址文》

易請求函商復旦公學辦理旋於本年一月九日又以復旦公學有拒絕之意深恐
遷延時日呈明民政長請取銷此議另與漁業公司商劃較為適合之區各在案錄
惟欲謀本校校址之適宜本莫如前議之為得祇以復旦尚存未宜強更成案故不
得已而有第二次之請求而於本校窒礙情形減損無幾固在洞鑒之中也近查復
旦公學業於本月解散學校既已中止即校址成案亦在當然不適用之列本校建
築事業正在規畫尚未興工此項地址現已虛懸無麗可否仍請將此項地址指撥
本校以期適合建築之用仍祈指令遵循謹呈江蘇民政長應

（附）民政長指令（第二千九十一號）民國二年二月十八日

教育司案呈據該校長呈稱該校建築校舍地址前以地段不宜呈請與復旦公
學所劃之地址互易繼因礎商周折恐延時日議與漁業公司商劃各在案現在
復旦公學業已解散中止此項地址虛懸無麗請即撥給該校以期適合建築之
用並據上海縣知事電覆復旦公學冬間因學生衝突中輟是否續辦未據報告

江蘇省立水產學校之刊｜文牘十｜第一刊

1915 年《江苏省立水产学校之刊》（第一刊）中记载 1913 年
《呈民政长请仍指拨复旦公学校址文》

民国二年（1913年）2月18日　江苏省民政长应德闳指拨吴淞炮台湾原复旦公学校址划归江苏省立水产学校。在《江苏省立水产学校之刊》（第一刊）中附有"民政长指令（第二千九十一号）"，全文如下：

［附］民政长指令（第二千九十一号）民国二年二月十八日

教育司案呈。据该校长呈称，该校建筑校舍地址前以地段不宜，呈请与复旦公学所划之地址互易。继因磋商周折恐延时日，议与渔业公司商划，各在案。现在复旦公学业已解散，中止此项地址虚悬无丽，请即拨给该校以期适合建筑之用。并据上海县知事电覆，复旦公学冬间因学生冲突中辍是否续办未据报告各等情。查吴淞炮台湾公学校址，本系公地，前经指拨震旦公学，久未建筑校舍。其后震旦改为复旦。现在复因冲突解散，续办无期。而该校正当计划建筑急需应用之时，自应准如所请。将旧拨复旦公学校址划归该校，以便克期建筑。如将来复旦公学继续开办需地建筑校舍时，另行指拨相当地址可也。此令

易請求函商復旦公學辦理旋於本年一月九日又以復旦公學有拒絕之意深恐

遷延時日呈明民政長請取銷此議另與漁業公司商劃較爲適合之區各在案鏐

惟欲謀本校校址之適宜本莫如前議之爲得祇以復旦尚存未宜強更成案故不

得已而有第二次之請求而於本校窐礙情形減損無幾固在洞鑒之中也近查復

日公學業於本月解散學校既已中止即校址成案亦在當然不適用之列本校建

築事業正在規畫尚未與工此項地址現已虗懸無麗可否仍請將此項地址指撥

本校以期適合建築之用仍祈指令遵循謹呈江蘇民政長應

（附）民政長指令（第二十九十一號）民國二年二月十八日

教育司案呈據該校長呈稱該校建築校舍地址前以地段不宜呈請與復旦公

學所劃之地址互易繼因磋商周折恐延時日議與漁業公司商劃各在案現在

復旦公學業已解散中止此項地址虗懸無麗請卽撥給該校以期適合建築之

用並據上海縣知事電覆復旦公學冬間因學生衝突中輟是否續辦未據報告

1915 年《江苏省立水产学校之刊》（第一刊）中记载 1913 年民政长指令

各等情。查吳淞砲台灣公學校址本係公地。前經指撥震旦公學久未建築校舍。其後震旦改爲復旦現在復因衝突解散續辦無期而該校正當計畫建築急需應用之時自應准如所請將舊撥復旦公學校址劃歸該校以便剋期建築如將來復旦公學繼續開辦需地建築校舍時另行指撥相當地址可也此令

詳巡按使請劃入校地中梗馬路文民國三年十一月二日

詳爲校地中梗馬路妨礙進行請准劃入以便規畫事查本校奉省撥校地北西接常熟路南西濱隨塘河東至上元路界限本甚分明惟校地中間舊築新寧路之西段及永清路之北段斗然梗入成一直角形遂使校地不相通連設施皆成障礙就兩路而論永清北段路西之地目前尚未有所設備而新寧西段梗入中間殊於種種設施不便已甚蓋本校游泳池之開鑿介於新寧路隨塘河之間學生學習游泳必須解裝藝衣徒跣出入大門非惟甚不雅觀且易生社會之駭怪於學校前途至有影響此其不便者一隨塘河東南流會於蘊草濱故學生練船船之行駛可以隨

1915 年《江苏省立水产学校之刊》(第一刊)中记载 1913 年民政长指令

1912 年江苏省立水产学校创建时，设置渔捞科。

学校创办初期，十分重视实践实习教学，通过校内、校外实践实习，充实捕捞学教学，提高捕捞学学科水平。

渔捞科学生实习分校外实习和校内实习。民国四年（1915 年）《江苏省立水产学校之刊》（第一刊）有如下记载：

> 此为校外实习之设计也。其分项如左（下）：
>
> 一、网渔业
>
> 二、钓渔业
>
> 三、杂渔业
>
> 四、渔业之基本调查
>
> 五、渔船之运用
>
> 六、航海之习练
>
> 七、海洋之观测

至于校内实习，则设有渔具制造室。包括网渔具、钓渔具以及各种杂渔具等实习设施。同时还陆续购置端艇和航海气象测天等各种仪器。实习内容主要有：编制网片、浮沉子加工、钓具制造、气象观测、航海仪器见习及天文定位的测天实习、各种渔具设计、端艇操作。

民国四年（1915 年）《江苏省立水产学校之刊》（第一刊）中记载如下：

> 至于校内实习。设有渔具制造室。网钓及各种杂渔具业设备实习。端艇运用及航海气象测天等各种仪器。亦已陆续购备。其分项如左（下）：
>
> 一、编制网地
>
> 二、浮沉子之构造
>
> 三、钓具之构造
>
> 四、气象之观测
>
> 五、航海器械之见习及测天实习
>
> 六、各种渔具之设计
>
> 七、渔艇之运用

結果乃佳。故前項帆船未成之先。不得不先行建造小型實習船以應急需現已着手經營克氣 ketch 型帆船一艘備有十五四馬力之煤油補助機關積載噸數二十噸甲板上裝配檔二支帆五領操舵台一具錨練藏納處觀測氣象箱廚房等甲板下設置船具室機關室學生臥室海圖室漁具室水火夫室漁獲物室除通風孔外。全部密水裝置。使雖在海口卽遇暴風亦可抵禦爲主眼預計本年六月可以下水。此外並擬選擇內國重要漁業地。於寧波煙臺兩處設置臨海實習場爲本校校外實習之機關。此實習場製造此爲校外實習之設計也其分項科亦適用之如左。

一　網漁業

二　釣漁業

三　雜漁業

四　漁業之基本調查

1915年《江苏省立水产学校之刊》(第一刊)中实习内容

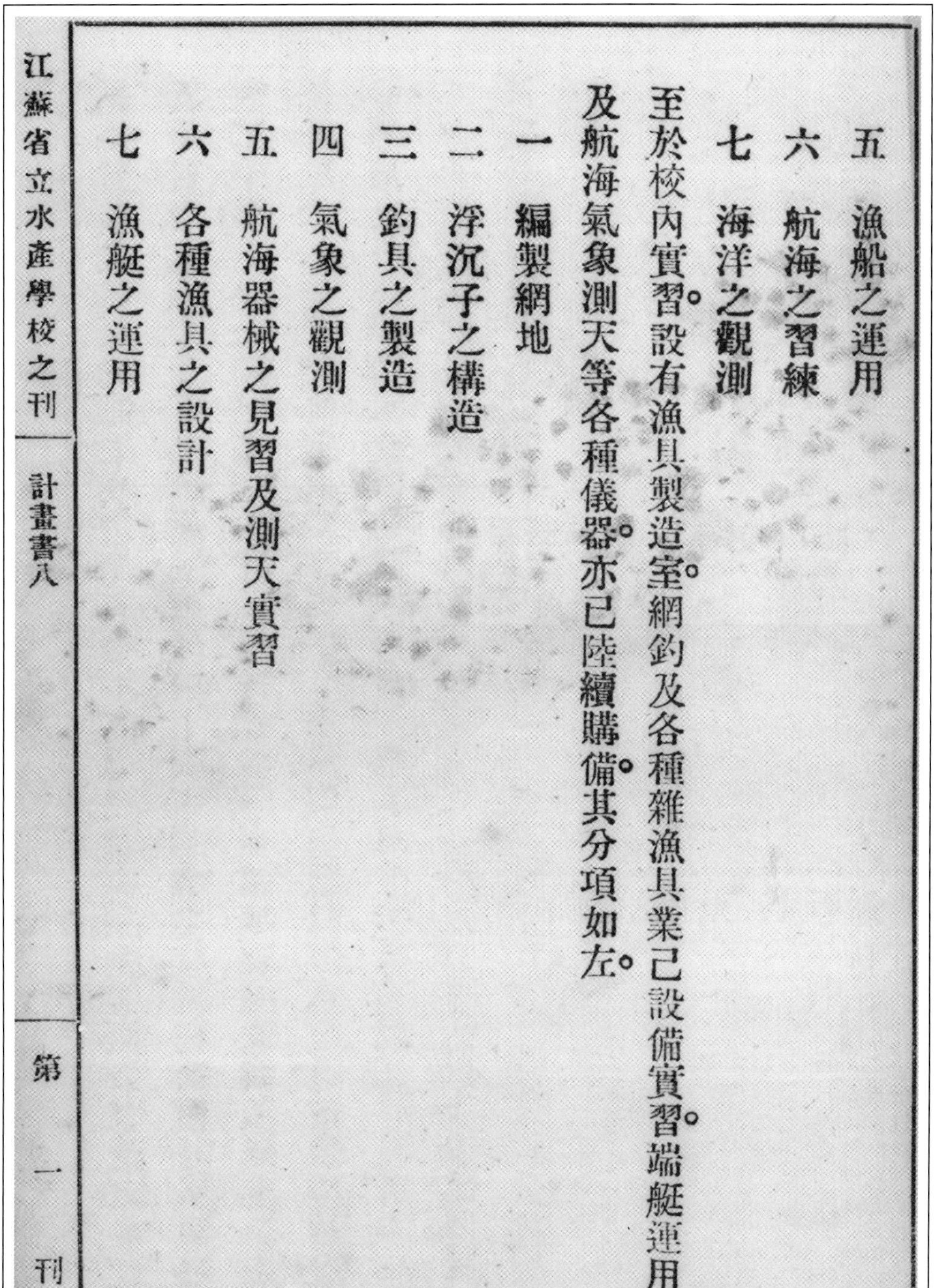

至於校內實習設有漁具製造室網釣及各種雜漁具業已設備實習端艇運用

及航海氣象測天等各種儀器亦已陸續購備其分項如左。

七 海洋之觀測

六 航海之習練

五 漁船之運用

一 編製網地

二 浮沉子之構造

三 釣具之製造

四 氣象之觀測

五 航海器械之見習及測天實習

六 各種漁具之設計

七 漁艇之運用

江蘇省立水產學校之刊　計畫書八

第一刊

1915年《江苏省立水产学校之刊》（第一刊）中实习内容

（二）上海水产学院时期

　　该时期，学校积极开展渔具学、渔法学的教学和科学研究。鼓励师生深入渔区、出海捕鱼，总结生产经验。邀请苏联专家来校讲学与指导，提高捕捞学理论水平。

ZL-RW6-7

上海水产学院

論文集

1964

上海水产学院論文集编辑委员会

1964 年《上海水产学院论文集》封面

試論拖網網具风洞模型試驗准则

乐 美 龙

当前研究网渔具在运动过程中的形状变化规律，大致是采用模型试验和实物观察两种方法。近年来随着水下观察技术的发展，实物观察在网渔具研究上正在逐步完善和使用。由于拖网网具的尺度较大，又是由网线、纲索等的柔性线而构成的柔性体，在运动过程中受力后的外形容易变形。因此，从目前水下观察的技术条件，要在不同拖速下观察完整的拖网网形变化规律，尚有不少困难。

1934年日本田內森三郎博士根据单片网片阻力公式和动力相似，发表了网渔具水池模型试验的相似准则[1]，之后日本学者宫本秀明、宫崎千博等都先后发表了有关定置网和底曳网方面的水池模型试验报告[2],[3],[4],[5]，其他国家方面亦有不少学者从事这方面的工作，1961年日本川上太左英教授又发表了流网的水池模型试验的相似准则，为专门性网渔具的模型试验相似准则[6]提出了方向。

近年来，由于实验空气动力学的形成和发展，以及低速运动中，空气与水两种流体之间的相似关系，使网渔具的水池模型试验推向利用实验空气动力学的风洞，进行网渔具的风洞模型试验。1957年苏联Φ. И. 巴拉诺夫教授曾发表了有关这方面的相似准则[7]。但是对于拖网网具在风洞中进行模型试验时，模型网和实物网结构之间换算的相似准则问题尚有深入研究的必要。

本文主要是根据日本田內森三郎提出的网渔具水池模型试验准则中的网具运动平衡方程，结合最近我们在科学研究和教学中所获得的一些问题，推导出有关拖网网具在风洞模型试验时，模型网和实物网之间的尺度，主要纲索的直径，浮沉力、张力、拖力和阻力等换算的相似准则，尽可能充实和完整拖网网具风洞模型试验的理论依据。

一、网渔具的运动平衡方程

由于拖曳类网渔具一般都是在一定拖速下运动的，基本上属于匀速运动，整个网具成为由柔性线构成的弹性柔性体，因此各部分网衣相对地处于平衡状态，网具上所受的各力对 x、y、z 轴上的投影总和都应等于零。现在拖网网具上任意取一小块网衣，经水流流过后，网衣成曲面形状。取某一结节为座标轴的原点 O，通过 O 点沿水平方向，经过网衣的各水平结节的投影面，作 x—轴；再通过 O 点沿垂直方向，经过网衣的各垂向结节的投影面作 y—轴；又通过 O 点，与 xoy 平面相垂直，作 z—轴，如图1所示。

根据田內对网渔具运动过程中[1]，网渔具所受

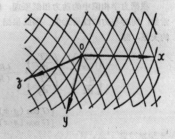

图1

乐美龙发表于 1964 年《上海水产学院论文集》的论文

的力的性质来分析，认为各部分网衣主要作用力为张力 T，阻力 KV^2，网衣重量 G，由此而列出下列的运动平衡微分方程组，即：

$$
\begin{cases}
\dfrac{dT_x}{dx} + K_x V^2 + G\cos(g\cdot x) = 0 \\[2mm]
\dfrac{dT_y}{dy} + K_y V^2 + G\cos(g\cdot y) = 0 \\[2mm]
\dfrac{T_x}{\rho_x} + \dfrac{T_y}{\rho_y} = K_z V^2 + G\cos(g\cdot z)
\end{cases}
\tag{1}
$$

式中 ρ_x 和 ρ_y 分别为网衣在 x、y 方向的曲率半径。

由于我们所讨论的拖网模型试验是在风洞中进行的，模型网是以空气作为流体介质，而实物网是以水为流体介质，空气与水的密度不同。因此在风洞试验时，实物网和模型网的运动平衡微分方程组必须补充考虑流体介质密度的影响，即：

$$
\begin{cases}
\left(\dfrac{dT_x}{dx}\right)_1 + (K_x \rho V^2)_1 + [G\cos(g\cdot x)]_1 = 0 \\[2mm]
\left(\dfrac{dT_y}{dy}\right)_1 + (K_y \rho V^2)_1 + [G\cos(g\cdot x)]_1 = 0 \\[2mm]
\left(\dfrac{T_x}{\rho_x}\right)_1 + \left(\dfrac{T_y}{\rho_y}\right)_1 = (K_z \rho V^2)_1 + [G\cos(g\cdot z)]_1
\end{cases}
\tag{2}
$$

$$
\begin{cases}
\left(\dfrac{dT_x}{dx}\right)_2 + (K_x \rho V^2)_2 + [G\cos(g\cdot x)]_2 = 0 \\[2mm]
\left(\dfrac{dT_y}{dy}\right)_2 + (K_y \rho V^2)_2 + [G\cos(g\cdot y)]_2 = 0 \\[2mm]
\left(\dfrac{T_x}{\rho_x}\right)_2 + \left(\dfrac{T_y}{\rho_y}\right)_2 = (K_z \rho V^2)_2 + [G\cos(g\cdot z)]_2
\end{cases}
\tag{3}
$$

式中"1"和"2"分别代表为实物网和模型网。

二、在风洞模型试验中，实物网和模型网之间的速度，张力之间的换算关系

根据力学相似中的动力相似原理，即两比较系统，相应位置的相应力之比应为一不变的常数，同时与力的性质无关。因此根据上述(2)(3)方程式实物网与模型网之间必须保持下列的关系，即：

$$
\frac{\left(\dfrac{dT_x}{dx}\right)_1}{\left(\dfrac{dT_x}{dx}\right)_2} = \frac{\left(\dfrac{dT_y}{dy}\right)_1}{\left(\dfrac{dT_y}{dy}\right)_2} = \frac{(K_x \rho V^2)_1}{(K_x \rho V^2)_2} = \frac{(K_y \rho V^2)_1}{(K_y \rho V^2)_2} = \frac{(K_z \rho V^2)_1}{(K_z \rho V^2)_2}
$$

$$
= \frac{[G\cos(g\cdot x)]_1}{[G\cos(g\cdot x)]_2} = \frac{[G\cos(g\cdot y)]_1}{[G\cos(g\cdot y)]_2} = \cdots\cdots
\tag{4}
$$

化简后，可得

乐美龙发表于 1964 年《上海水产学院论文集》的论文

$$\frac{\left[\dfrac{dT_{x(y)}}{dx_{(y)}}\right]_1}{\left[\dfrac{dT_{x(y)}}{dx_{(y)}}\right]_2} = \frac{[K_{x(y\cdot z)}\rho V^2]_1}{[K_{x(y\cdot z)}\rho V^2]_2} = \frac{[G\cos(g\cdot x_{(y\cdot z)})]_1}{[G\cos(g\cdot x_{(y\cdot z)})]_2} \tag{5}$$

根据因次关系和力学相似原理，公式(5)又可简化为

$$\frac{\dfrac{T_1}{l_1}}{\dfrac{T_2}{l_2}} = \frac{(\rho V^2)_1}{(\rho V^2)_2} = \frac{G_1}{G_2} \tag{6}$$

式中：T_1, T_2——分别为实物网和模型网的张力；

$\qquad l_1$, l_2——分别为实物网和模型网的长度尺度；

$\qquad G_1$, G_2——分别为实物网和模型网的单位面积网衣重量。

根据苏联学者 B. M. 伏依尼加尼斯-米尔斯基的计算方法[8]，实物网的单位面积的网衣在水中的重量应为

$$G_1 = \frac{\pi}{4}d_1^2 \times \frac{1}{u_1 u_2} \times \frac{1}{a_1} \times (r_1 - 1) \tag{7}$$

式中：d_1——实物网网线直径；

$\qquad u_1, u_2$——实物网的水平与垂向缩结系数；

$\qquad a_1$——实物网网脚长度；

$\qquad r_1$——实物网网线单位体积重量。

同理，模型网的单位面积网衣在空气中的重量应为

$$G_2 = \frac{\pi}{4}d_2^2 \times \frac{1}{u_1 u_2} \times \frac{1}{a_2} \times r_2 \tag{8}$$

根据上述(7)和(8)两式的比值，可得

$$\frac{G_1}{G_2} = \frac{d_1}{d_2} \cdot \frac{r_1 - 1}{r_2} \tag{9}$$

将(9)式代入(6)式后，即得

$$\frac{\dfrac{T_1}{l_1}}{\dfrac{T_2}{l_2}} = \frac{(\rho V^2)_1}{(\rho V^2)_2} = \frac{d_1}{d_2} \cdot \frac{r_1 - 1}{r_2} \tag{10}$$

由此可见，实物网与模型网之间的张力之比为

$$\frac{\dfrac{T_1}{l_1}}{\dfrac{T_2}{l_2}} = \frac{(\rho V^2)_1}{(\rho V^2)_2};$$

或 $\quad \dfrac{T_1}{T_2} = \dfrac{l_1}{l_2} \cdot \dfrac{\rho_1 V_1^2}{\rho_2 V_2^2}$

在一般情况下，ρ_1 可近似地取 100 公斤秒^2/米^4；ρ_2 为 0.125 公斤·秒^2/米^4，我们根据上述关系可求得风洞模型试验时，模型网与实物网之间的张力换算关系为

乐美龙发表于 1964 年《上海水产学院论文集》的论文

1958 年师生深入渔区总结生产经验

上海水产学院海洋渔业系工业捕鱼进修班结业典礼和欢送苏联专家萨布林科夫同志留影 1960.7.9

1960年7月9日，工业捕鱼进修班结业典礼和欢送苏联专家萨布林可夫（前排左十）留影

（三）厦门水产学院时期

该时期，进一步开展渔具试验研究。同时还开展鱼类行为、疏目拖网、新渔场开发、电脉冲捕虾装备与捕捞技术等研究。

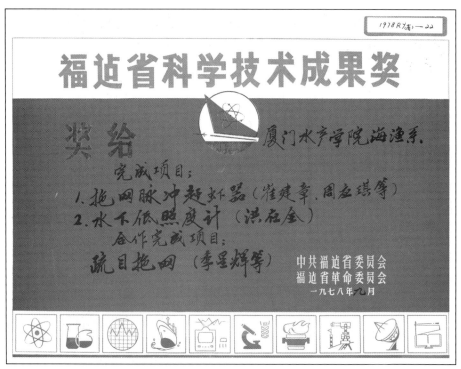

科研项目"拖网脉冲赶虾器"（崔建章、周应祺等）"水下低照度计"（洪在全）"疏目拖网"（季星辉等）获奖奖状

科研项目"机帆船疏目拖网试验"获奖奖状

（四）上海水产大学初期

该时期，随着国家改革开放和学校获得世界银行农业教育贷款项目，学校选派捕捞学教师赴美国、英国、日本等国家留学，邀请国外专家、教授来校讲学，提高捕捞学基础理论和应用技术水平；加强与国外捕捞专家、国际渔业组织、团体的交往，推动捕捞学学科发展，形成渔具力学、鱼类行为学、渔具、渔法选择性等新的研究方向；1985 年起，选派师生参加西非远洋渔业开拓、开发、研究和生产；开展鱿钓、大型中层拖网、金枪鱼延绳钓资源渔场和捕捞技术研究。

1986 年，国务院学位办公布《关于下达第三批博士和硕士学位授予单位名单的通知》（〔86〕学位字 011 号），批准学校具有"海洋捕捞"硕士学位授予权。

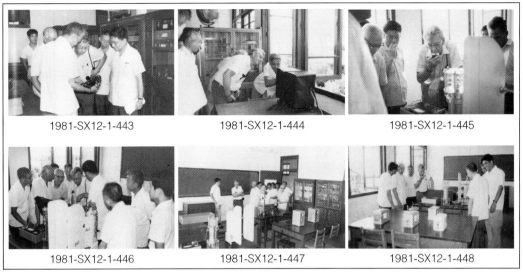

1981-SX12-1-443　　　　1981-SX12-1-444　　　　1981-SX12-1-445

1981-SX12-1-446　　　　1981-SX12-1-447　　　　1981-SX12-1-448

世界银行代表团来校参观考察海洋渔业系

东京水产大学海洋生产学科井上实教授来校讲学——渔具渔法讲学班学员合影

1987 年选派首批毕业生赴西非从事远洋渔业生产欢送仪式

（五）上海水产大学后期和上海海洋大学时期

该时期，学校捕捞学建设紧贴国际渔业发展趋势，保护和合理利用渔业资源，开展渔具、渔法选择性、渔场修复工程、渔业法规和渔业管理等研究。此外，开展鱿钓、金枪鱼、智利竹筴鱼、秋刀鱼、中上层鱼类、南极磷虾等资源渔场和捕捞技术研究。

1999 年，农业部公布《关于下达第二轮农业部重点学科的通知》（农科教发〔1999〕16 号），学校捕捞学被农业部列入重点学科。

2000 年，教育部公布《关于公布国家管理的专业点名单的通知》教高〔2000〕10 号，学校海洋渔业科学与技术专业被列入国家管理专业。

2000 年，国务院学位办公布《关于下达第八批博士和硕士学位授权学科、专业名单的通知》（学位〔2000〕57 号），批准学校水产一级学科（含捕捞学）具有博士学位授予权。

2001 年，上海市教育委员会公布《关于公布上海市教育委员会重点学科（第四期）和上海市教育委员会重点培育学科名单并下达首批建设经费的通知》（沪教委科〔2001〕71 号），学校捕捞学被上海市教育委员会列入重点学科。

2003 年，人事部、全国博士后管委会公布《关于新设 434 个博士后科研流动站的通知》（国人部发〔2003〕38 号），批准学校设立水产一级学科（含捕捞学）博士后科研流动站。

2005 年，上海市教育委员会公布《上海市教育委员会关于公布上海市重点学科（第二期）和上海市高校教育高地建设名单的通知》（沪教委高〔2005〕39 号），学校捕捞学被上海市教育委员会列入重点学科（特色学科）。

2007 年，教育部、财政部公布《教育部　财政部关于批准 2007年度第一批高等学校特色专业建设点的通知》（教高函〔2007〕25 号），学校海洋渔业科学与技术专业被列入高等学校特色专业建设点。

2008 年，上海市教育委员会公布《上海市教育委员会关于公布市

属高校 上海市重点学科（第三期）名单的通知》（沪教委科〔2008〕52 号），学校捕捞学被列入上海市重点学科。

2015 年，通过上海市教委组织的上海高峰高原学科建设专家论证答辩，水产学（含捕捞学）进入上海高校二类高峰学科。

2017 年，教育部、财政部、国家发展改革委公布《关于公布世界一流大学和一流学科建设高校及建设学科名单的通知》（教研函〔2017〕2 号），上海海洋大学入选一流学科建设高校，建设学科：水产（含捕捞学）。

2017 年，教育部学位与研究生教育发展中心公布全国第四轮学科评估结果，水产学科（含捕捞学）获 A+ 评级。

第四章　科学研究与学科建设

第一节　科学研究概况

2015年，科技处以提高科研成果质量为目标，以体制机制创新为突破口，进一步强化学术特色，提升科研质量，努力打造科研精品，提高我校的科研创新能力。全处上下齐心协力，密切合作，勤奋工作，圆满地完成了年度科研工作的目标任务。

一、加强高峰高原学科建设，完善学科顶层设计

年内，学校进一步在学科建设上整合优势特色，聚焦发展重点，积极推动高峰高原学科建设工作，顺利完成并通过了市教委组织的上海高峰高原学科建设专家论证答辩，水产学进入上海高校二类高峰学科，海洋科学和食品科学与工程进入上海高校Ⅰ类高原学科建设计划。同时，完成了上海高校高峰高原学科建设规划任务书修改、建设实施方案细化及经费预算执行计划，召开了学校高峰高原背景下学科能力提高实践版的研讨会。

在学科制度管理建设上，制定并颁布了《上海海洋大学高峰高原学科建设管理暂行办法》（沪海洋科〔2015〕2号）、《上海海洋大学校内人员参与上海高校高峰高原学科建设管理暂行办法》（沪海洋科〔2015〕1号），为校内高原高峰学科的建设顺利实施提供了强有力的制度保障。

二、保持科研发展态势，积极组织重大科研项目攻关

学校充分依托学科特色和资源优势，以国家社科基金、国家自然科学基金项目申报为突破口，积极组织跨学院、跨学科的科研力量联合攻关，强化科研项目申报过程中的辅导和策划工作，努力提高项目申报质量。

年内，协同相关学院、部门，顺利开展了科技部、教育部、农业部、国家海洋局，上海上海市科学技术委员会、教委、农委、海洋局等重大科研计划的申报项目数近280项。其中，主要包括组织申报国家自然科学基金项目160项；教育部人文社科13项；国家社科基金13项；教育部霍英东基金3项；科技部重点研发计划12项；科技部星火计划1项；国家海洋局课题建议书2项；上海市哲社基金31项；上海市农委项目建设书16项；上海市决策咨询成果奖2项、浦江计划3项；联盟计划2项；上海市基础重点项目2项等。

在立项管理方面，今年我校国家社科基金喜获丰收，共立项5项，创历史新高。今年

上海海洋大学《2016年鉴》中记载2015年水产学科（含捕捞学）
进入上海高校二类高峰学科

2017 年 9 月上海海洋大学入选"一流学科"建设高校，建设学科：水产（含捕捞学）。

第四轮学科评估结果公布 我校水产学科获 A+ 评级

本报讯 12 月 28 日，教育部学位与研究生教育发展中心公布了全国第四轮学科评估结果。我校 10 个一级学科参评，7 个一级学科榜上有名。其中"水产"学科获 A+ 评级。

此外，我校的"食品科学与工程"学科获 B+ 评级，名列全国前 20%；"海洋科学"学科和"生物学"学科获 B- 评级，名列全国前 40%；"计算机科技与科学"学科获 C+ 评级，名列全国前 50%；"环境科学与工程"学科和"农林经济经济管理"学科获 C- 评级，名列全国前 70%。

第四轮学科评估自 2016 年 4 月正式启动，历时一年多，共有 513 个单位的 7449 个学科参加。与前三轮学科评估不同的是，第四轮学科评估首次采用"分档"方式公布评估结果，不公布得分、不公布名次，不强调单位间精细分数差异和名次前后。根据"学科整体水平得分"的位次百分位，将前 70% 的学科分为 ABC 三类九挡（A+,A,A-,B+,B,B-,C+,C,C-）公布。

此次学科评估的结果，反映和检验了我校的学科建设水平和管理质量，是全校上下共同努力的结果。学校将坚持以学科建设为龙头，不忘初心，开创新局，砥砺前行，在水产学科一流学科建设的大背景下，继续向高水平特色大学的建设目标迈进。 (研究生院)

2017 年 12 月第四轮学科评估结果，水产学科（含捕捞学）获 A+ 评级

四、专业名称变革

学科与专业是大学组织结构中的基本元素，二者紧密联系、相互支撑。

学科是相对稳定的知识体系或研究领域。其目的是探索某一知识体系中的人类未知领域。

专业是根据学科分类和社会职业分工，进行分门别类、专门知识教学的基本单位。其目标是通过开设系列课程为社会培养各级各类专门人才。

自1912年学校创设渔捞科，一百多年来，随着学校建设和发展的需要，捕捞学相关本科专业名称随之进行变革，依次为：渔捞科、海洋捕捞、工业捕鱼、海洋捕捞、海洋渔业、海洋渔业科学与技术。

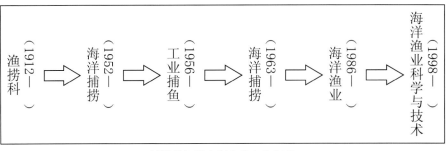

捕捞学相关本科专业名称变更

中篇　史料钩沉

一、首届渔捞科

首届渔捞科学制四年。其中，预科一年，本科三年。

民国元年（1912 年）12 月 15 日，举行第一届预科生入学考试。

民国二年（1913 年）1 月 16 日，第一届预科第一学期开学。

民国三年（1914 年）1 月 5 日，举行预科学年考试。预科一年成绩合格的学生，进入本科学习三年。

1915 年《江苏省立水产学校之刊》（第一刊）中记载：民国二年（1913 年）12 月 27 日，宣布升级、留级办法：

> 规定学年试验成绩，以总平均数得六十分以上各科均满四十分者升级。总平均数不及六十分或有不及四十分之学科者仍留原级。但总平均数过六十分一科不及四十分者，该科得于始业时补受试验一次。及格者仍得升级。

首届本科生二十八名，渔捞科生十三名。

1915 年《江苏省立水产学校之刊》（第一刊）中记载：民国三年（1914 年）2 月 8 日，本科第一学年开始。

> 行始业式时，校长宣布对于学生希望之五事：
> （一）勤勉。
> （二）造成勤朴之校风。
> （三）戒浮嚣。
> （四）勿空谈国事。
> （五）当自食其力。

1922 年《江苏省立水产学校十寅之念册》十年大事表中记载，民国六年（1917年）1月，第一届学生毕业，渔捞科十一名，制造科十四名。省长派代表杨传福来校致训。

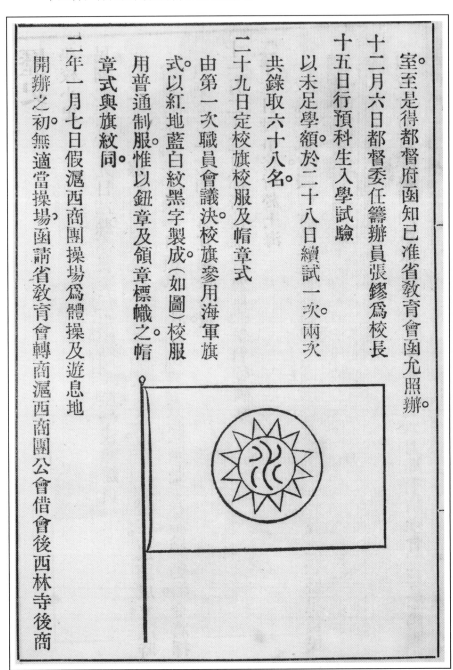

室。至是得都督府函知已准省教育會函允照辦。

十二月六日都督委任籌辦員張鏐爲校長

十五日行預科生入學試驗

以未足學額於二十八日續試一次。兩次

共錄取六十八名。

二十九日定校旗校服及帽章式

由第一次職員會議決校旗參用海軍旗

式。以紅地藍白紋黑字製成（如圖）校服

用普通制服惟以鈕章及領章標幟之帽

章式與旗紋同。

二年一月七日假滬西商團操場爲體操及遊息地

開辦之初無適當操場函請省教育會轉商滬西商團公會借會後西林寺後商

民国元年（1912年）12月15日，举行第一届预科生入学考试

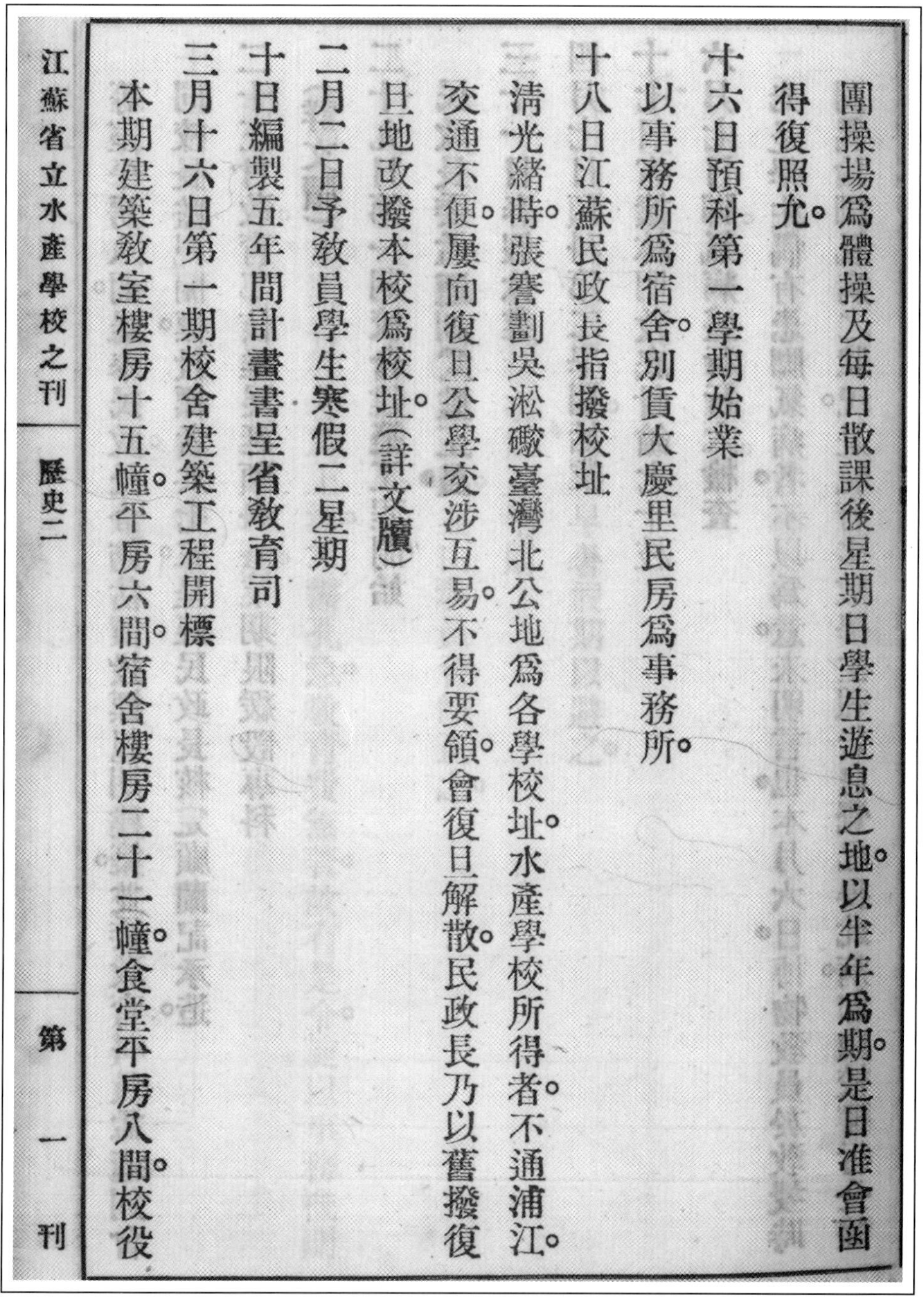

團操場爲體操及每日散課後星期日學生遊息之地。以半年爲期。是日准會函得復照允。

十六日預科第一學期始業。

以事務所爲宿舍別賃大慶里民房爲事務所。

十八日江蘇民政長指撥校址。

清光緒時張謇劃吳淞礮臺灣北公地爲各學校址水產學校所得者。不通浦江。交通不便屢向復旦公學交涉互易不得要領會復旦解散民政長乃以舊撥復旦地改撥本校爲校址（詳文牘）

二月二日予教員學生寒假二星期

十日編製五年間計畫書呈省教育司

三月十六日第一期校舍建築工程開標

本期建築敎室樓房十五幢平房六間宿舍樓房二十二幢食堂平房八間校役

中国二年（1913年）1月16日，第一届预科第一学期开学十二月二日第一期校舍建築落成。

除原估工程外添建小屋七間廁所三處。呈經民政長派委孟酒釗毛祖燿驗收。

二十七日宣布升級留級辦法

規定學年試驗成績以總平均數得六十分以上各科均滿四十分者升級總平

均數不及六十分或有不及四十分之學科者仍留原級但總平均數過六十分

一科不及四十分者該科得於始業時補受試驗一次及格者仍得升級

三十一日年假休業

休業凡四日。

三年一月四日行第二屆預科入學試驗

以未足學額於二月五日假省教育會續試一次兩次共錄取三十八名後又續

取四名又錄取本科第一學年插班生一名。

五日行預科學年試驗

民国二年（1913年）12月27日，宣布升级、留级办法。

民国三年（1914年）1月5日，举行预科学年考试

江蘇省立水產學校之刊　歷史十一　第一刊

陳慶雲 星五 湖北	楊敦慶 馮罘 崑山	李士襄 東鄉 崇明	吳禺 皋明 奉化 浙川	样其達 克競 浙江 吳興	錢時霖 雨生 六合	時雄飛 襟偉 常熟	
體操圖畫數	英文教員	漁撈科主任 教員	航海術氣象教員	學漁船運用法教員 製圖教員	應用機械學 細菌學教員	國文教員	

在學學生名錄

第一屆本科生二十八名　今第二學年第二學期開始

漁撈科生十三名

張柱尊 江陰　　趙錦文 上海　　金志銓 青浦　　倪尙達 上海　　沙玉嘉 江陰

黃鴻翥 崇明　　張則鰲 浙江鄞　　張景葆 江陰

1915 年《江苏省立水产学校之刊》（第一刊）中记载，
第一届本科生二十八名，渔捞科生十三名

朱以丞 浙江鄞　謝星樓 福建龍溪　凌家楨 上海（第一學年第二學期病故）

以上第一屆預科第一學期錄取入學生十一名 尚有一名於第一學年第三學期命退不列

王之鑠 崇明　王傳義 崇明

以上第一屆預科第三學期錄取插班生二名

製造科生十五名

姚流砥 南匯　蘇以義 寶山　陳廷煦 嘉定　陳椿壽 浙江嘉禾
陳謀琅 浙江鄞　楊勤仁 上海　王剛 江陰　張禮銓 南匯
王漢俠 崇明　樊汝霖 崇明　鄭翼燕 浙江鄞　凌鵬程 崇明
伍瑞林 丹徒　張毓駼 崇明　姚致隆 江陰

以上第一屆預科第一學期錄取入學生十五名

第一屆預科第一學期錄生有七名預科留級四名本科第一學年留級均列後尚有一名於預科第一學期請退一名命退二名於第二學期請退三名命退三名於第三學期請退八名命退四名於本科第一學年第一學期命退又二名於第三學期命退均不列本科第一學年第一學期休學一名於第二屆預科第一學期錄取插班生一名留級列後

1915 年《江苏省立水产学校之刊》（第一刊）中记载，
第一届本科生二十八名，渔捞科生十三名

凡五日而畢。十一日由教員會議決升入本科者三十三名。內二名以假留級補試編級共分漁撈科十八名製造科十五名

拔學業列甲等之姚致隆張柱尊倪尚達為特待生

十二日予教員學生寒假二十六日

十三日選入新校歸求志書院於上海縣公署

二十日假漁業公司餘屋為職教員宿舍

職教員宿舍尚未建築函商漁業公司暫借前綠營公所房屋之前廳及兩廊二十餘間應用。是日得復照允旋即呈報民政長備案。

八日本科第一學年及第二屆預科第一學期始業

行始業式時校長宣布對於學生之希望五事（一）勤勉（二）造成誠樸之校風（三）戒浮囂（四）勿空談國事（五）當自食其力

十二日統一紀念休業

三月六日教育司長江謙來校視察

民国三年（1914年）2月8日，本科第一学年开始。
校长宣布对于学生希望之五事

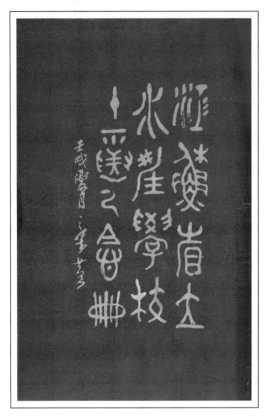

《江苏省立水产学校
十寅之念册》封面

年╱月	元	二	三	四	五	六
一	假滬西商團操場為體操遊息地 預政校址始及撥吳淞炮台 民業上炮兵	錄取第二屆預科生 一四名本科十名 遷本科入台灣海假求校址 歸漁假志新校 職教員公司 餘書院舍宿舍	始准調設漁商部李主任呈 割任用之公共操場視祟校視 省察校廉祖來校視 成第二期校舍建築告	務主任李士襄代理校 校長病假以漁撈科	第十四屆畢業漁撈科 十一名學生畢業漁 楊傳福來省校長致 派製造科代訓表

1922 年《江苏省立水产学校十寅之念册》记载，民国六年（1917 年）1 月，
第一届渔捞科学生毕业，共十一名

二、首位渔捞科主任

《江苏省立水产学校之刊》（第一刊）记载，民国三年十二月五日，商调李士襄（即李东芗）任江苏省立水产学校渔捞科主任。

李东芗（1889.4.26—1953.6.1）又名李士襄，字以行，江苏崇明（今上海市崇明区）人，水产教育家。1907年，赴日本东京水产讲习所渔捞科学习。1911年毕业回国，进农林部渔牧司工作。民国三年（1914年）12月31日农商部批准李士襄（即李东芗）任江苏省立水产学校渔捞科主任。

《江苏省立水产学校之刊》（第一刊）记载：民国三年十二月五日，详巡按使请咨商农商部请将技士李士襄调充渔捞主任。全文如下：

详巡按使请咨商农商部请将技士李士襄调充渔捞主任文

（民国三年十二月五日）

详为教材缺乏，恳请准予咨商农商部，调派部员担任本校教科事。窃本校本年开办本科第一年级，本应渔捞、制造各设主任一员。当以我国渔捞人才供职在京，经校长再三函商，均以部务重要为辞。嗣以第一年所授课程，系为水产普通学科，即由校长偕同制造主任勉为分任。惟转瞬即为第二年开始之期，课程重要，且多实习。亟应聘定主任，分课教授，断非校长等所再能兼任。此为本校渔捞主任一职不得不添设之原因也。若以觅人不易，再不添设，则是科几同虚设。殊非本省兴学育才之主意。亦校长所不敢出此者也。窃查吾国水产人才，毕业于日本水产讲习所渔捞科者三人，制造科者五人。而渔捞各员，现均供职部中。部务关系全国，固为主要。而本省需用此项人才，尤急不可缓。此为本校添聘渔捞主任不得不商诸农商部之原因也。或竟借材（才）异地，聘用日人，则事多隔膜，而学生之得益反鲜。且迩来日人对于我国水产事业，甚为注意。主任关系全科利害。如果授以全权，隐患尤为可虑。此又为未便借才异地之原因也。再四思惟（维），维有恳请钧座俯念我国讲求水产，方在萌芽。而本省此项人才，尤为缺乏。可否准予咨商农商部，将现任技士李士襄调充任斯职，定能胜任。一转移间，部中尚有二人，于部务似以（无）妨碍。而学校得一人，已为益非（匪）浅。想大部亦能允准也。惟该员系为在职人员，因公出就外事，似应商请免开本缺，以示优异而昭激励。是否有当，统候鉴核施行。实为公便。谨详江苏巡按使齐(。)

校所陳此次變更學年始期理由尚屬實情應按照民國元年第六號部令第一

條第二項准予變通辦理相應咨請貴民政長轉飭知照可也等因准此合行訓

令該校長即便遵照此令

詳巡按使請咨商農商部請將技士李士襄調充漁撈主任文　民國三年十二月五日

詳為教材缺乏懇請准予咨商農商部調派部員擔任本校教科事竊本校本年開

辦本科第一年級本應漁撈製造各設主任一員當以我國漁撈人才供職在京經

校長再三函商均以部務重要為辭嗣以第一年所授課程係為水產普通學科即

由校長偕同製造主任勉為分任惟轉瞬即為第二年開始之期課程重要且多實

習亟應聘定主任分課教授非校長等所再能兼任此為本校漁撈主任一職不

得不添設之原因也若以覓人不易再不添設則是科幾同虛設殊非本省興學育

才之主意亦校長所不致出此者也竊查吾國水產人才畢業於日本水產講習所

漁撈科者三人製造科者五人而漁撈各員現均供職部中部務關係全國固為主

商调李士襄任江苏省立水产学校渔捞科主任文（1914年12月5日）

要而本省需用此項人才尤急不可緩。此爲本校添聘漁撈主任不得不商諸農商部之原因也。或竟借材異地聘用日人則事多隔膜而學生之得益反鮮且邇來日人對於我國水產事業甚爲注意主任關係全科利害如果授以全權隱患尤爲可慮。此又爲未便借才異地之原因也。再四思惟維有懇請鈞座俯念我國講求水產方在萌芽而本省此項人才尤爲缺乏可否准予咨商農商部將現任技士李士襄調充本校漁撈主任之職以宏造就該員學識淵博經驗豐富校長知之有素以之充任斯職定能勝任一轉移間部中尚有二人。於部務似以妨礙而學校得一人已爲益非淺想大部亦能允准也惟該員係爲在職人員因公出就外事似應商請免開本缺以示優異而昭激勸是否有當統候鑒核施行實爲公便謹詳江蘇巡按使

齊

（附）巡按使飭（第五千七百七十三號）民國三年十二月三十一日

爲飭知事准農商部咨開准咨據江蘇省立水產學校校長張鏐詳請咨商農商

商调李士襄任江苏省立水产学校渔捞科主任文（1914年12月5日）

在《江苏省立水产学校之刊》（第一刊）记载：民国三年十二月三十一日，农商部批准李士襄（即李东芗）任江苏省立水产学校渔捞科主任。全文如下：

（附）巡按使饬（第五千七百七十三号）

民国三年十二月三十一日

为饬知事，准农商部咨。开准咨据江苏省立水产学校校长张镠详请咨商农商部，将现任技士李士襄调充本校渔捞主任并免开本缺等情，咨请察核见覆以便饬遵等因到部。查该校既因教才（材）缺乏，未便借才异地。拟将该技士调充渔捞科主任，系为兴学育才起见。事属可行。所请免开本缺一节，应予一并照准。除饬知该技士外，相应咨复查照饬遵等因到署。为此饬仰该校校长遵照。此饬。

要。而本省需用此項人才尤急不可緩。此為本校添聘漁撈主任不得不商諸農商部之原因也。或竟借材異地聘用日人則事多隔膜。而學生之得益反鮮且邇來日人對於我國水產事業甚為注意主任關係全科利害如果授以全權隱患尤為可慮。此又為未便借才異地之原因也。再四思惟維有懇請鈞座俯念我國講求水產方在萌芽而本省此項人才尤為缺乏可否准予咨商農商部將現任技士李士襄調充本校漁撈主任之職以宏造就該員學識淵博經驗豐富校長知之有素以之充任斯職定能勝任一轉移間部中尚有二人於部務似以妨礙而學校得一人已為益非淺想大部亦能允准也惟該員係為在職人員因公出就外事似應商請免開本缺以示優異而昭激勸是否有當統候鑒核施行實為公便謹詳江蘇巡按使齊

（附）巡按使飭（第五千七百七十三號）民國三年十二月三十一日

為飭知事准農商部咨開准咨據江蘇省立水產學校校長張鏐詳請咨商農商

农商部批准李士襄任江苏省立水产学校渔捞科主任

（1914 年 12 月 31 日）

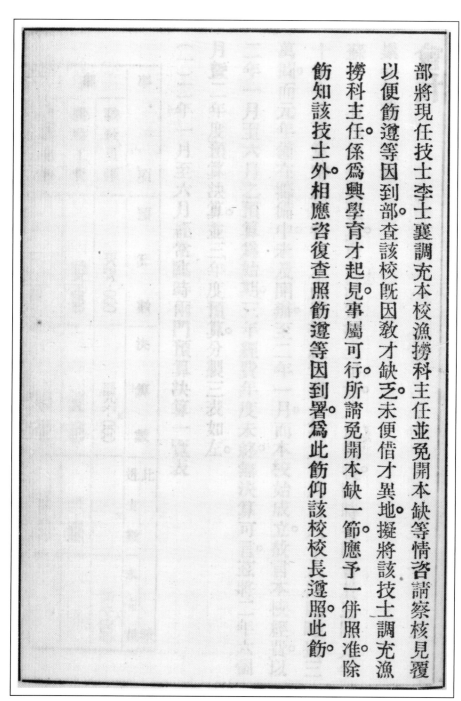

农商部批准李士襄任江苏省立水产学校渔捞科主任
（1914 年 12 月 31 日）

三、首次课程设置

在民国三年（1915年）《江苏省立水产学校之刊》（第一刊）中记载了预科和渔捞科本科具体课程：

预科

修身（实践道德之要旨）、国文（记事文）、外国语（日文、日语）、地理（世界地理、本国地理、人生地理）、数学（算术、代数、几何）、理科（动物学、无机化学、植物学、动物学、物理大意、矿物学）、图画（自在画、用器画）、体操（柔软操、器械操）

渔捞科

修身（伦理学一斑）、国文（书翰文、议论文）、外国文（日语、英语）、地理（地文地理、天文地理）、数学（几何、三角、解析几何、弧三角、测量）、物理（力学、热学）、化学（有机化学）、图画（用器画）、簿记、体操、水产通论、水产动物学、水产植物学、制造论、渔捞法、航海术及渔船使用法、渔具制造大意、应用机械学、海洋气象学、卫生法、渔业法规、渔业经济、实习

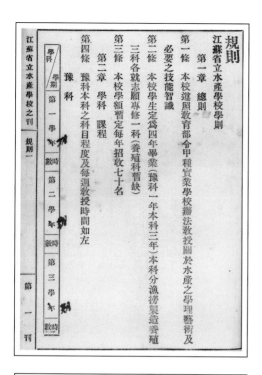

規則

江蘇省立水產學校學則

第一章 總則

第一條 本校遵照教育部令甲種實業學校辦法教授關於水產之學理藝術及必要之技能智識

第二條 本校學生定為四年畢業（豫科一年本科三年）本科分漁撈製造養殖三科各就志願專修一科（養殖科暫缺）

第三條 本校學額暫定每年招收七十名

第二章 學科 課程

第四條 豫科本科之科目程度及每週教授時間如左

豫科

學科＼學期	第一學年 數時	第二學年 數時	第三學年 數時

（江蘇省立水產學校之刊 規則一 第一刊）

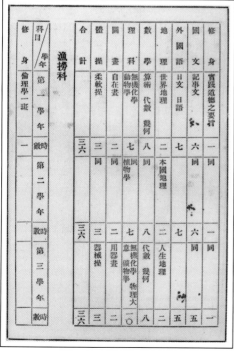

漁撈科

科目＼學年		第一學年 數時	第二學年 數時	第三學年 數時
修身	實踐道德之要行	一	一 同	一
國文	記事文	六 同	六 同	五
外國語	日文 日語	七	七	五
地理	世界地理	二 本國地理	二 人生地理	二
數學	算術 代數 幾何	八 同	八 代數 幾何	八
理科	無機化學 動物學 植物學	七 植物學	七 無機化學 物理大意	一〇 無機化學 物理大意 礦物學
圖畫	自在畫	二 同	二 用器畫	二
體操	柔軟操	三 同	三 器械操	三
合計		三六	三六	三六
修身	倫理學一班	一		

预科和渔捞科本科各学年
具体课程名称和教授时数

江蘇省立水產學校之刊　規則二　第一刊

漁撈法	製造論	水產動物學 水產植物學	水產通論	體操	簿記	圖畫 用器畫	化學 有機化學	物理 力學 熱學	數學 幾何 三角 解析幾何 弧三角 測量	地理 天文地理	外國文 日語 英語	國文 書翰文 議論文
	一	三	二	二	二	一同	二	五	六	二	七同	四
四						一			四		四同	三
五					二							四

预科和渔捞科本科各学年具体课程名称和教授时数

製造科

科目＼學年	第一學年 數時	第二學年 數時	第三學年 數時
修身 倫理學一班	一		
航海術及漁船使用法		五	
漁具製造大意		二	一
應用機械學		二	一
海洋氣象學		二	一
衛生法			一
漁業法規			一
漁業經濟			一
合計	三六	二七	一五
實習	第二學年每週八時間以上至第三學年每週約課三分之二		

预科和渔捞科本科各学年具体课程名称和教授时数

四、第一艘渔捞实习船

"淞航"号渔捞实习船（1916—1932 年）

1929年11月江苏省立水产学校学生会月刊第一期《水产学生》中记载：

本校旧有淞航、海丰两实习船，吨数仅二十余吨，长仅五十余尺。

江蘇省立水產學校學生月刊　84

本校購置實習漁輪計劃書

一、說明

水產教育，爲職業教育之一，坐議立談，無裨實際，勢非擴充海上實習之時間，俾實狎習不爲功，本校創辦以來，已十有七年，昇格專門，亦已三年，而實習漁輪，尚付闕如，教學效率之難以增進，學校事業之不易發展，殊爲本校目下最感痛苦之事，抑亦非本省創設本校之本旨也，茲於十八年度預度算內，提出臨時費十萬元，擬添置新式漁輪一艘，一方固資學生實習之需，一方則以贏利所得，劃充本校經費，籍輕本省負擔，謹臚舉理由如左。

一、本校舊有淞航海豐二實習船，噸數僅二十餘噸，長僅五十餘呎，且已陳舊，不堪遠航外海，故近年以來，學校所規定之漁撈實習，航海實習，操船實習、輪機實習等，事實上無法實施，

一、陸上事業，易於把握，運籌得當，決勝可期，海上事業則不，萬頃汪洋，波濤洶湧，欲於此操奇計贏，非練習有素，曷克此臻，故水產學校而缺乏實習，欲望學生畢業後能從業海上，措置裕如，事之無濟，自不待言，

一旦下各地之志願與辦漁業者不少，苦無專家，爲之計劃，而技師船長等職，又非經驗豐富者，不克充任，故紛紛委托本校，代爲物色，而本校畢業生，則以實驗船未足，未敢貿然就業，故畢業生因感知識之艱，事業界亦有才難之歎，此誠矛盾之現象也，揆厥原因，則學校無完備之實習船，致學生難獲充挨之實習，有以致之，故目下畢業生稍有經驗者，輒此邀彼聘，應接不暇，其明證也，

一，本校負開發漁業之職，漁具之試驗也，海洋之觀測也，漁業之指導也，故凡漁場之探檢也，均爲本校應有之任務，第以無相當漁輪，可以運用

1929年11月江苏省立水产学校学生会月刊第一期《水产学生》
中记载淞航实习船的吨数和长度

"淞航"号渔捞实习船于民国五年（1916年）二月开工建造，民国五年八月建成，民国五年十月首航。渔捞科学生乘"淞航"号实习船开展一系列海上实习和渔业调查。民国廿一年（1932年）"一·二八"事变中该船被日本侵华军炸毁。

民国十一年（1922年）十一月《江苏省立水产学校十寅之念册》中记载：

> 民国五年二月，渔捞实习船开工建造。
>
> 民国五年八月，渔捞实习船造成，省长命名淞航。
>
> 民国五年十月，宣布淞航船实习规则，淞航实习船第一次正式开驶。
>
> 民国六年五月，渔捞科三年级生驾淞航船赴衢山一带实习。
>
> 民国六年十月，渔捞科三年级生驾淞航船赴泗礁山调查渔场。淞航船务员张景葆、技术员王传义率渔捞科三年级生赴日本调查山口岛根各县渔业。
>
> 民国七年十一月，渔捞科三年生驾淞航船赴江浙沿海实习。
>
> 民国八年十一月，渔捞科三年生驾淞航船赴马迹山实习。
>
> 民国九年三月，渔捞科三年生驾淞航船赴舟山实习。
>
> 民国九年十二月，渔捞科三年生驾淞航船赴嵊山实习。

民国十一年（1922年）七月，江苏省立水产学校校友会发行的《水产》（第四期）中记载了民国十年十一月，渔捞科教员驾驶淞航实习船带渔捞科学生赴三门湾调查渔业情形。全文如下：

渔捞科学生赴三门湾调查之新航迹

本校实习船之航迹东出嵊山海礁（东经一百二十三度），北及佘山之北（北纬三十二度），南达象山浦。民国十年福建富商林熊徵君组织三门湾渔业公司，规模为国内诸公司之冠。是年十一月，由渔捞科教员特驶本校实习船淞航至三门湾调查渔业情形。

江蘇省立水產學校十年大事表

年／月	元	二	三	四	五
一		假渥西商圍操場為體操及遊息地 民政廳指撥吳淞炮台校址	錄取第二屆預科生 本科始入炮上海 歸假漁業台灣新校舍 職教員公司餘屋為院舍	成第二期校舍建築告 察省視學蔵祐來校視 割用公共操場 准設漁撈科 任之調農部李士襄呈 始設漁撈科主任李士襄	校長病假以漁撈科務主任李士襄代理校務
二		編製五年間計畫書呈送教育司			造漁撈實習船開工建
三		教育部核准展延預科修業期限緩設專科 第一期校舍建築工程開始	校以接械治標圖書務 長秦學沉代理宜並機	端艇實習開始 巡漁具實習開始 校務遭派學生 校長赴日本購置圖書模型機械 校務長秦學沉代理	巡漁具實習開始 按使菘校視察
四		校長自日本回校視事 事務部長夏清復以喉疾卒于上海醫院 校長夏清復公立		第一次校刊出版	校長銷假視事 設臨時宿舍於上海 避帝制兵禍
五	江蘇都督委任張鏐為江蘇水產學校籌備員	為夏清復開追悼會	金漁撈實習開始 學生減膳有充救國儲	漁撈實習開始 規劃宣布航海漁撈實習 宣布製造實習規則	撤消上海臨時宿舍 始開國恥紀念會
六		脚氣病盛行提前暑假 氣候溼熱西商圍操場歸假 屠樓房歸假 歸假省教育會第三則 來教育司長蔣炎培	前來教育司長 赴教員演說會 職教員全體學生 巴拿馬賽會出品協會	赴職教員江蘇出品協會 寗波調查水產物赴 博物展覽 賽會 來教演說會全體學生	宣布游泳規則
七		錄取第三屆預科生三十四名 ✓ 民政長核准修正學則	✓	錄取第四屆預科生四十名 ✓	錄取第五屆預科生三十一名 ✓
八		校舍一所於上海求志書院為 校長以贛甯兵事改展假期	始設製造科主任 第二期校舍建築工程開始		漁撈實習船造成命名菘航

《江苏省立水产学校十寅之念册》中记载"淞航"号渔捞实习船民国五年（1916年）2月开工建造，民国五年8月建成，民国五年10月首航

江苏省立水产学校十年大事表

年＼月	元	二	三	四	五
九	錄取插班生二名／定教員一員／召集職員會每月一次	定校訓「樸忠實」四字爲校訓／校友會成立	始早操	漁撈科三年級生赴天津煙台等處調查／製造科三年級生赴甯波舟山調查	
十	始開國慶紀念會／直隸水產學校校長係鳳藻來校參觀	事務員吳人英病卒／宣布教育會議決屬行體育法	宣布淞航船實習規則	淞航實習船第一次正式開駛／省視學獎勵勤學法／視察省立學校／勵學侯鴻鑑來校	與省立學校選手赴江都參加第三次聯合運動會

《江苏省立水产学校十寅之念册》中记载"淞航"号渔捞实习船民国五年（1916年）二月开工建造，民国五年八月建成，民国五年十月首航

江苏省立水产学校十年大事表

十	九	八	七	年＼月
淞航漁撈科三年級生赴舟山實習	宣布製罐實習獎勵　省視察奉法令製罐實習成品　南京中學等生來校參觀　陳列會得優等獎狀於　展覽會二等獎狀	製化義本見習助手扣　派代理學理助教　赴東海漁場沉校長調查漁業	第三期校舍建築工程開始　呈請咨農商部調査　士襄回部	三
石油豐號船命名　全體漁船始裝電燈第一次開往崑　山縣漁業學生旅行至崑	學聖聯合會成績展覽會第四　視學生運動選立校運動會　日本郎驗生來校參觀　實習三年級生赴山口縣黃花魚頭試第五次	調查漁業　聯合上業學手漁撈科學生參徒　招收新生三名　浦漁撈漁科技員赴南洋四京藝徒　校長調查漁業技員赴各漁場次參賺沙江玉	主視製造科三年級生治畢　甯波視察山等處調査赴　呈部任接收教務　校長調日本　校長往日本接治單　生見習事任泰業鐙	四
來體秦育沉實三年視察代視察視以級赴校員來本育主任王小峯　體育主任馬踏本		主任馬踏山實習代理校務　校長率三年級生赴山　全體學生因青島間校　試漁驗船主流網漁法尊務	實習自日本回校　漁撈科三年級生赴衢山一生馬　校長自日本回校勵	五
校長自馬踏回校　漁撈科二年級生回校	主題前暑假義自日本　提漁撈科二年級生航　蘇以前暑假義自日本回	校長自馬踏回校　全能學生課程因　漁撈科二年級生因校	成第三期校舍建築告　第五期高等小學甲乙等保　呈請省令各縣保　業學生陳椿壽　補示登第十屆省縣委員赴山製　知縣十屆省縣訓實習水　縣造知事第三屆畢業生委山	六
日派事本技名來校長製五名罐實習造科漁業　第五屆學生畢業製儒赴三級製罐		錄取第八届預科生五十九名	錄取第六屆預科生六十六名	七
漁業豐號漁船合作船與網漁海裝改七錄取第十名　第九屆實習科生與　設學生二十名工科錄取	始補課第四期暑期實習　程開始第四期校舍建築工			八
校習豐海漁秦沉調漁科代年理教員級往三年級務主實習	字吳一撈母稚輝科來科校第講四注屆學音生畢業漁　造科十	辦會學訓部脤常漁規膳視校經陸緯沙視察漁撈法食始實習　陸詠黎籽歸實習赴校友	縣本漁科業技業漁員撈沉實場山口業景島葆各日漁　淞航漁撈科三年級生赴泗碩山調	九
校習豐海漁秦沉調漁船科代年理教員主實三年級往省實習	職潘州和保申來校會演講歀　全體學生旅行至杭	本科淞航漁撈科始習國語	縣淞航漁撈科本科漁業調查山口島本科博實島各日漁景島　製造科三年級生回校參觀龍華製革回本	十
校習豐海漁秦沉調漁船科代年理教務員往省實習　陳郭荔庚王玉登黃炎來校參觀開會歡迎	成第四期校舍建築告　立省視察學章景高來校	開航第三次運動會　製造股份有限公司成立水產製　淞漁撈科三年級生赴馬踏山實習	實淞航海輪上漁業習船赴三第二次江浙沿海　開本回製造科三年級生上海參觀第一次運動會	十一
雜誌出版第三期公業　申漁撈科三年級生赴羅山實習　淞航漁船來校本友參觀開業式	競進會與第二次演說　京派漁船本級生三上年班生二次公競進會　立造石油發動機　造體全生參造二	呈准造石油發動機　漁撈科三年級生上海參觀　園孫中直會出校　雜誌出版第二期水產	雜校本回製造科六年級生　伍邦珍來校宣教員余參觀委　一蘇生一校教章員　出版第一校二級　呈准教育縣廳委員出校　張鳳驥縣廷昌回本　本回製造科三年級生上海參觀龍華製革　漁業委員赴吳十	十二

《江苏省立水产学校十寅之念册》中记载学生乘"淞航"号渔捞实习船实习

第　四　期

徐國棟九名

添設編網職工科

吾國編網祇有手工而無機械本校鑒於國內魚網價值年增一年機械編網可以運銷南洋羣島及俄領各地爰招一級錄取者十一人敎授作文讀書算術簿記公民須知製網材料製網法理化機械網具設計及製圖等科並每週實習三十六小時第一學期實習手編及機械編第二學期機械編及染色

漁撈科學生赴三門灣調查之新航跡

本校實習船之航跡東出嵊山海礁（東經一百二十三度）北及佘山之北（北緯三十二度）南達象山浦民國十年福建富商林熊徵君組織三門灣漁業公司規模爲國內諸公司之冠是年十一月由漁撈科敎員特駛本校實習船淞航至三門灣調查漁業情形

青島水產調查

華盛頓會議後以青島將由日人手歸還中國政府特任王儒堂君爲督辦十一年四月本校漁撈科主任沙君蔭穀漁撈科敎員侯君宗卿養殖科敎員陳君祝年率第七屆漁撈科三年級生七八赴青島調查水產行政水產組合魚市場以及漁撈製造養殖鹽田等業

遷移校外實習根據地

本校漁撈科除吳淞外向以定海縣屬沈家門爲根據地製造科於九年設校外實習場於馬跡十年遷於岱山十一年則於蘇省嵊山島設製造科實習場並可爲漁撈科經營小黃花魚帶魚諸漁業之根據地

國內紀聞

日人來華調查種鰻

日本愛知縣豐橋市淡水魚商川合駒吉氏等數八五月初旬來我國奔走于浙江之嘉湖江蘇之蘇常一帶調查種鰻產額據云日本近年來東海道一帶養殖事

《水产》（第四期）中"渔捞科学生赴三门湾调查之新航迹"

五、江苏省立水产学校时期教学计划

《江苏省立水产学校教学计划书》（约 1922 年至 1937 年）中较详细记载了当时渔捞学、渔具论、渔获物处理法教学计划：

渔捞学教学计划

一、教学目标

1. 使知渔具与鱼类之形态与习性之关系

2. 使知各种渔船之构造

3. 使知渔业构成之要素

4. 使知吾国及外国各种渔业之现状

5. 使知外国新兴渔业之现况

6. 训练企业渔业之设计与实施

7. 指导改进渔业研究之途径

二、教学时间及教材

本学程在渔捞科第二学年第一学期每周教学二时，第二学期每周三时。实习临时规定第三学年第一学期每周四时实习，临时规定第二学期连续实习十周。教材大纲如左（下）：

总论：

概说　网具　钓具　饵料　渔船　渔期　渔场　渔法

中国渔业：

黄（鱼）渔业　鲷渔业　带鱼渔业　鳓渔业　鲨渔业　鲥渔业　鲋渔业　乌贼渔业　对网渔业　张网渔业　流刺网渔业　建网渔业　围网渔业　拖网渔业　钓渔业　延绳钓渔业　汽船拖网渔业　手缲网渔业

日本渔业：

鲣渔业　鲷渔业　鳕渔业　鲔渔业　鳁渔业　鰆渔业　捕鲸业　手缲网渔业　汽船拖网渔业　解（加）工船业

欧美渔业：

巾着网渔业　汽船流网渔业　VD式汽船拖网渔业　捕鲸业　海兽猎业

企业与改进：

渔业调查　渔场探检　渔业基本调查　渔业试验　渔业设计　渔业企业　渔业经济　渔业管理

三、教学方法

1. 演绎开发教材并补充之

2. 置备渔船渔具之各种标本模型以助教学

3. 实地参观渔船渔具令学生提出报告

4. 实地调查渔业令学生提出报告

5. 指导阅读参考书培养研究精神

6. 令学生制作渔船渔具之设计图面

7. 注重出海实习以期实际经验之增进

8. 练习经营渔业之设计养成企业之专才

四、成绩考查

1. 不定期口试与定期试验

2. 参观报告之考核

3. 调查报告之考核

4. 图面设计之考核

5. 实习报告之考核

6. 实习之考勤

7. 实习技术之考核

8. 渔业设计之考核

五、毕业标准

1. 明了吾国及外国渔业之概况

2. 熟悉吾国各种重要渔业之渔法与实际的技术

3. 实习渔捞有不畏劳苦之精神

4. 能制作完密之企业设计

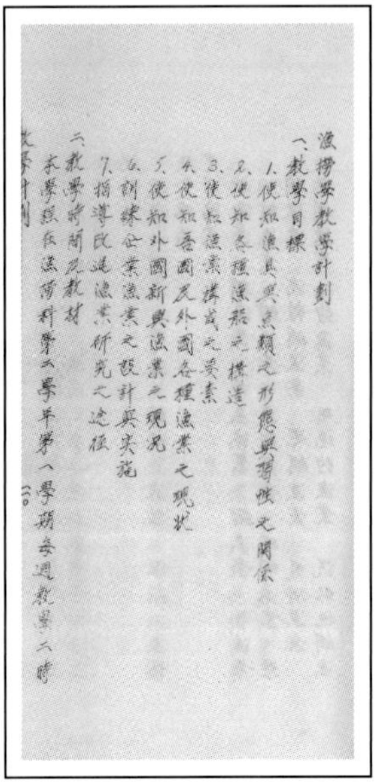

渔捞學教學計劃
一、教學目標
1.使知漁具與魚類之形態與習性之關係
2.使知各種漁船之構造
3.使知漁業經營之要素
4.使知吾國及外國各種漁業之現狀
5.使知外國新興漁業之現況
6.訓練企業漁業之設計與實施
7.指導改進漁業研究之途徑
二、教學時間及教材
本學程在渔捞科第二學年第一學期每週教學二時

(1)

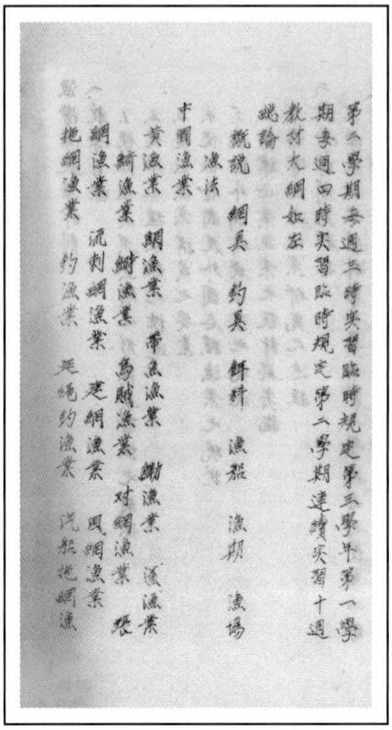

第二學期每週三時實習臨時規定第三學年第一學期每週四時實習臨時規定第二學期連續實習十週
教材大綱如左
緒論
概說 網具 釣具 餌料 漁船 漁期 漁場
漁法
中國漁業
黃漁業 鯛漁業 帶魚漁業 鰳漁業 溪漁業
鯖漁業 鰣漁業 烏賊漁業 對網漁業 張
網漁業 流刺網漁業 建網漁業 風網漁業
拖網漁業 釣漁業 延繩釣漁業 汽船拖網漁

(2)

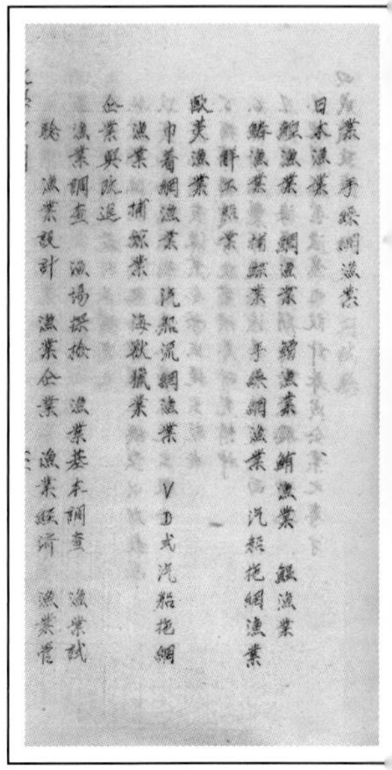

業 手繰網漁業
日本漁業
鰹漁業 巾着網漁業 鰆漁業 鮪漁業 鰕漁業
鯖漁業 捕鯨業 手繰網漁業 汽船拖網漁業
蟹工船業
歐美漁業
巾着網漁業 汽船流網漁業 VD式汽船拖網
漁業 捕鯨業 海獸獵業
企業與改進
漁業調查 漁場探險 漁業基本調查 漁業試
驗 漁業設計 漁業企業 漁業經濟 漁業管

(3)

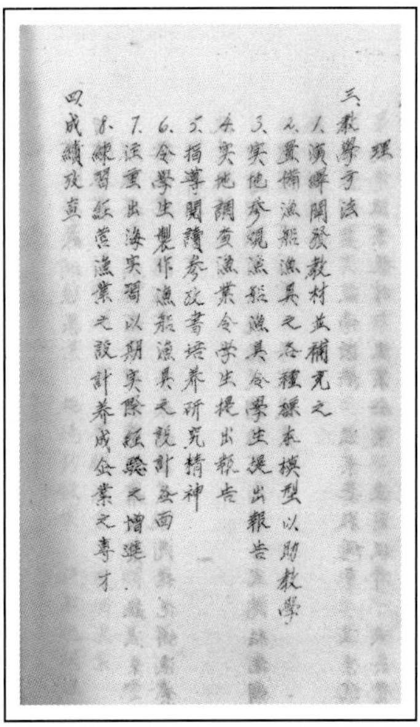

理
三、教學方法
1.演繹闡發教材並補充之
2.置備漁船漁具之各種標本模型以助教學
3.實地參觀漁船漁具令學生提出報告
4.實地調查漁業令學生提出報告
5.指導閱讀參考書培養研究精神
6.令學生製作漁船漁具之設計並面
7.注重出海實習以期實際經驗之增進
8.練習經營漁業之設計養成企業之專才
四、成績考查

(4)

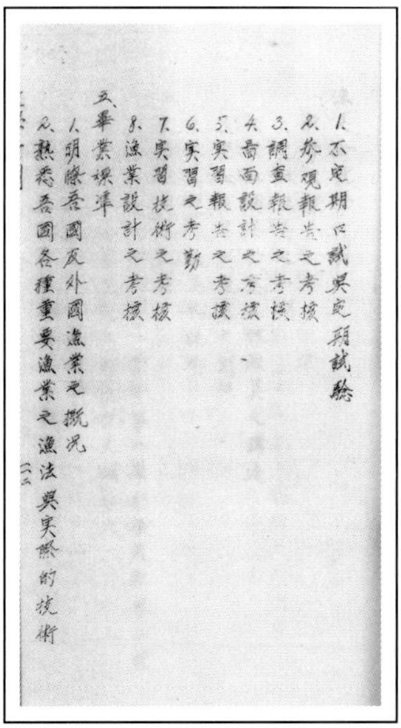

1.不定期口試與定期試驗
2.參觀報告之考核
3.調查報告之考核
4.書面設計之考核
5.實習報告之考核
6.實習之考勤
7.實習技術之考核
8.漁業設計之考核
五、畢業標準
1.明瞭吾國及外國漁業之概況
2.熟悉吾國各種重要漁業之漁法與實際的技術

(5)

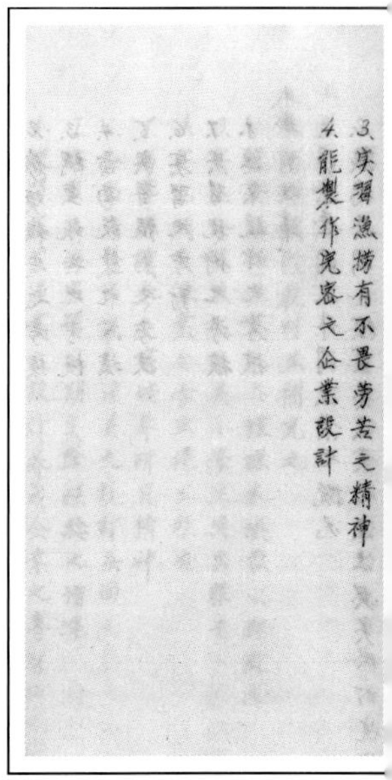

3.實習漁撈有不畏勞苦之精神
4.能製作完密之企業設計

(6)

江苏省立水产学校时期渔捞科教学计划

渔具论教学计划

一、教学目标

1. 使知渔具之分类

2. 使知网具、钓具及杂渔具之构造

3. 使知渔具与渔业之关系

4. 养成制作渔具之技术

二、教学时间及教材

本学程在渔捞科第一学年第二学期每周教学二时，第二学年每周实习三时。教材大纲如左（如下）：

总论：

渔具之沿革 渔具之分类

网具：

网具之分类 网具之材料 网具之构成 网之保存法 曳网类 缫网类 旋网类 敷网类 刺网类 建网类 掩网类 抄网类

钓具：

钓具之分类 钓具之材料 钓具之构成 手钓 竿钓 曳绳钓 延绳钓

杂渔具：

杂渔具之分类 突具 钩具 挟揿具 爬具 筌筒类 梁壶类

结论：

渔具与渔业 渔具之设计

三、教学方法

1. 演绎开发教材并补充之

2. 置备网具、钓具及杂渔具各种标本模型及各面以利教学

3. 设渔具制造工厂令学生实地实习

4. 指导制作渔具之设计

四、成绩考核

1. 不定期口试与定期笔试

2. 实习考勤

3. 实习技术之考核

4. 制作渔具设计之考核

五、毕业标准

1. 明了各种渔具之构造与制法

2. 能用手工或机械自由制作渔具

3. 能设计制作渔具

（1）

（2）

（3）

（4）

江苏省立水产学校时期渔具论教学计划

渔获物处理法教学计划

一、教学目标

1. 使学生明了各种渔获物之组织及成分之变化

2. 使学生了解渔获物失去生命后之状态

3. 使学生熟知渔获物处理之必要及技能

4. 使学生熟习渔船上应急之处置及贮藏方法

5. 养成学生制造重要渔获物之能力

二、教学时间及教材

本学程在渔捞科第三学年第一学期每周教学一时，第二学期渔捞实习时同时实习

总论：

鱼类之食用价值　鱼肉之成分　鱼肉之组织　鱼类之分期变化　鱼肉之色　鱼肉之腐败　鱼肉之鲜度　鱼肉失去生活后之变化　鱼类与各种渔业之关系　鱼类与各种网具之关系　鱼类与温度及日光之关系　鱼类处理之必要　鱼类应急处理法　鱼类处理法之类别

冷藏法：

冰与雪　天然冰与人造冰　冰雪之保鲜能力　渔船上冰雪之处置法　鲜鱼冰藏法　各种渔船渔获物之冰藏法　冰藏期限　冰藏中鱼肉之状态　渔船之冷藏　渔船之冷藏装置及设备　各种鱼类冷藏法

盐藏法：

盐与鱼类之关系　用盐量与气候之关系　盐之保鲜能力　盐藏法之种类盐藏时之注意　盐量与鱼量之关系　渔船出渔前盐之准备　各种鱼类盐藏法　渔船上之应急盐藏法

干制法：

鱼类之水分　鱼类之腐败与水分之关系　鱼类干燥之必要　干燥法之种类　渔船上应急干燥法　各种鱼类干制法

三、教学方法

1. 指示各种渔获物产期中成分之变化

2. 指示完美之处理方法及技术

3. 指示应急处理之重要与必要

4. 指示渔获前之准备及保鲜之材料

5. 指示渔获物之鲜度与各种渔业之关系

6. 指导实习以期实际经验之增进

四、成绩考查

1. 注重临时试验

2. 注意平日之阅览与笔记

3. 考察实际之技能

五、毕业标准

1. 能明了全部学理与方法

2. 能应用各种处理方法

3. 能观察鱼类之鲜度

4. 能在渔船上为应急之处理

（1）　　　　　（2）

（3）　　　　　（4）　　　　　（5）

江苏省立水产学校时期渔获物处理法教学计划

六、规划中国水产教育布局的侯朝海先生

侯朝海（1896.8.23—1961.12.21） 字宗卿，江苏无锡人。1912年考入江苏省立水产学校，攻读渔捞科。著名水产教育家。先后任江苏省立水产学校校长，上海市立吴淞水产专科学校校长，上海水产专科学校副校长，上海水产学院副教务长兼海洋渔业系主任、教授。

侯朝海先生毕生投身中国水产事业，不仅具有丰富的实践经验，而且也积累了宝贵的水产教育思想。代表作有《中央及各省应有之水产教育设施》《中国水产事业简史》等。

《中央及各省应有之水产教育设施》阐述水产教育重要性，并规划中国水产教育布局。如"水产教育应取之方针""关于水产业急需上各项专门人员之培植""应设之国立高等水产教育机关极其地点""各省立水产教育机关""关于渔民的教育办法""关于其他水产的教育设施"等。尤其对渔捞科学制、分系研究及实习期、人才培养等进行了较为详细的规划。

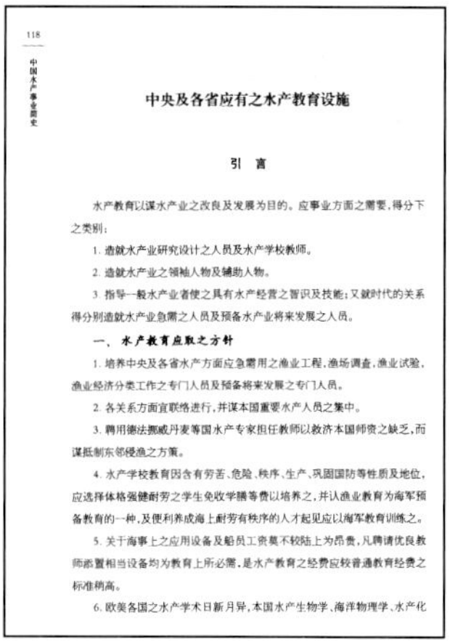

118 中国水产事业简史

中央及各省应有之水产教育设施

引　言

水产教育以谋水产业之改良及发展为目的。应事业方面之需要，得分下之类别：

1. 造就水产业研究设计之人员及水产学校教师。

2. 造就水产业之领袖人物及辅助人物。

3. 指导一般水产业者使之具有水产经营之智识及技能；又就时代的关系得分别造就水产业急需之人员及预备水产业将来发展之人员。

一、 水产教育应取之方针

1. 培养中央及各省水产方面应急需用之渔业工程，渔场调查，渔业试验，渔业经济分类工作之专门人员及预备将来发展之专门人员。

2. 各关系方面宜联络进行，并谋本国重要水产人员之集中。

3. 聘用德法挪威丹麦等国水产专家担任教师以救济本国师资之缺乏，而谋抵制东邻侵渔之方策。

4. 水产学校教育因含有劳苦、危险、秩序、生产、巩固国防等性质及地位，应选择体格强健耐劳之学生免收学膳等费以培养之，并认渔业教育为海军预备教育的一种，及便利养成海上耐劳有秩序的人才起见应以海军教育训练之。

5. 关于海事上之应用设备及船员工资莫不较陆上为昂贵，凡聘请优良教师添置相当设备均为教育上所必需，是水产教育之经费应较普通教育经费之标准稍高。

6. 欧美各国之水产学术日新月异，本国水产生物学、海洋物理学、水产化

（1）

学等研究应由中央及各省不时派员留学或进行研究。

7. 沿海诸省水产在产业上占极重要之地位，应规定水产教育经费在教育经费中之百分比例，并规定留学生中水产科之学额。

8. 由教育部训令沿海各省教育厅注意渔民教育。

二、 关于水产业急需上各项专门人员之培植

1. 中央各省在水产之行政、教育、试验各方面，数年间需用各项高级专门人员之预计。中央　农矿部、水产试验场、水产学校约五十人。各省水产之行政、教育、试验、调查各方面每省约六十人。

2. 应由教育农矿二部会同筹设渔业技术人员养成所，备训政时期统一水产行政，改良各省渔业之应急需用，并作筹设国立水产学校之准备。

三、 应设之国立高等水产教育机关及其地点

1. 大学中应设水产科或先设水产专科造就关于水产学理及事业两方面研究与设计之人员，及水产学校教师，在国立大学中先在吴淞同济大学内筹设，次于广州中山大学、沈阳东北大学添设之。

2. 应设国立水产专科学校一所以造就关于水产之行政、教育、调查、试验等之高级专门人员，地点以青岛最为适宜，因交通便利，渔业港、冷藏库、气象台、养殖场、改良盐田、制造工厂以及渔业合作社等均早经德日二国人办理完全，虽在全国之地势次于吴淞而局部环境在今日教育水产技术人员实最相宜，并谋收回日人所办各项水产事业亦属急不容缓之举。

国立水产专科学校之学制规定预科二年或三年（注重水上之运动及操作）本科三年（授科二年实习一年），拟定下面之学制：

学年/科别		渔捞科	制造科	养殖科	水产教育科
教室授课期	第一学年	教授渔捞共同学科	教授制造共同学科	教授养殖共同学科	教授渔捞诸学科
	第二学年	教授渔捞共同学科	教授制造共同学科	教授养殖共同学科	制造养殖

中央及各省应有之水产教育设施 119

（2）

120 中国水产事业简史

续　表

学年/科别		渔捞科						制造科		养殖科		水产教育科
分系研究及实习期	第三学年	渔业政治经济系	渔具系	渔场系	渔船系	远洋渔业系	海船机械系	制造系	什制系	淡水养殖系	咸水养殖系	教授水产学校教授法及管理之学科
	第四学年			渔场系	渔船系							
备　注		培植主管水产行政人员渔业合作社职员及水产商业人才	培植各种渔具制造及改　良人才	培植各种渔船之设计督造及导改良人才	培植调查各种水产生物之分布对于渔场研究而指示渔业者	培植各种远洋渔业人才	培植机关士及对于渔船机械指导人员	培植各种食品干制盐藏冷藏罐头制造人员	培植盐制油革胶等业之技师	培植淡水养殖之人才	培植咸水养殖之人才	培植各中等水产学校之教师及水产之通俗人员

前列分类的研究及实习诸系，如选修学生数较多者，得于选修时期之一都再继续授所选专门之学科，以补一年教室授课期内所授该系科学之不足。如选修学生数少者，则选修诸学生得随校中诸专科教师研究，及由学校方面绍介往校外或国外行所选系之研究及实习。如是则各科分系虽多，于学校预算方面不至过巨而水产业方面得造就实用人才。

四、 各省立水产教育机关

辽冀鲁苏浙粤等省均设有省立水产学校或水产讲习所，有校址不相宜须设法迁移到便于实习并使学生常在渔业环境之下工作以养成渔村的习惯。在学制方面宜先注意渔捞，次养殖，制造，并须统一制度而各就其地位，注重其环境所最需要的教育。设备上应求切用并充实。如渔捞科的主务就实习船，实施海上演业务劳苦的教育，以便养成从事渔捞经营的习惯。主持各校行政者务对于发展水产业之宗旨始终不变，并须有毅力与精神，其余各主办人员亦须对于水产学术具有相当的资格及信仰，如学校经费不足师资缺乏，应就一部分范围造就切实需用之人员为人手。

（3）

五、 关于渔民的教育办法

各省办理水产教育多年，肄业学生虽多来自沿海各县，而属渔家子弟者实属少数。其教育结果只对于沿海区域中等社会以上之子弟授以水产学识，能得练习渔捞技术从事新式渔法的采行者甚占少数，而多数因习惯体格观念等关系不能从事渔业，故欲贯彻将来水产事业的发展务兼注重关于渔民的教育。

1. 渔民因居在地位的关系有经营水产事业的便利。

2. 渔民因职业的关系有习惯智识等遗传上的优点，并体格适宜、观念纯粹者较多数。

渔民有上列的特殊情形，故务使渔民子弟得授以相当的水产教育，并须养成其子弟之一部分能担任水产业之设计及改良的高等专门技术之任务，如是方可达到天然地位上职业本身之产业发展，审察本省现时情形关于渔民的教育，应即施行者有下列三项：

（1）设置渔业区乡村师范学校及渔民小学。各省沿海区域尚无省立乡村师范学校之设置，宜择相当地点设置一乡村师范学校以造就沿海区域渔民小学之教员为主旨。创办事务就沿海各地保送学生，经考试录取办理。如是一可使渔民小学教师得有相当的渔业智识及研究门径，二可使渔民教育有系统有训练之设施。渔民小学先就各省立渔业之中心设立，再就沿海区乡村师范学校附设初级中学得使各地渔民子弟自各渔民小学升学肄业，为升入水产学校之阶梯。如是则关于渔民的教育在沿海区域可成一系统。于是各地渔民子弟既可就职务，又可得再升学受水产专门教育之机会。欲贯彻水产事业之建设，须注重关于渔民的教育之进行也如上述。而渔民多智识低浅、家境贫困，故关于渔民的教育均须免收学膳书籍等费，应列入省教育经费预算而奖励成就之。此实为贯彻水产业建设上基础的设施。

各省立渔业区中心之渔民小学由沿海区乡村师范学校附设、省经费办理之以作模范，其余各渔业繁盛处应设渔民小学，先由省方调查，继令当地筹款办理。

（2）设置渔民教育馆，及水产业补习学校为灌输现在渔民的水产智识及改

中央及各省应有之水产教育设施 121

（4）

122 中国水产事业简史

良渔村社会。应于各省各渔业区之中心先各设渔民教育馆及水产夜补习学校，应列入省农矿厅经费预算，归各地渔业指导所办之。

（3）水产业实施上的指导　关于水产之经营项目繁多，应事业之需要由行政教育二方面举办短时讲习会外，得举行一项一时的实施上之指导及谋改良及发展渔业；其责任可由试验场、水产学校、各渔业区指导所分任之。

六、 关于其他水产的教育设施

水产事业为社会事业之一部分，与社会人民各方面均有密切的关系，故应有下列诸项之设施：

1. 沿江沿海区域之师范学校中小学校应有短期水产教育之设施。

2. 设省立水产陈列馆，以科学智识为中心筹设之，其关系有六：

（1）点缀附近的风景；

（2）作全省水产物的集中及研究；

（3）可供水产行政方面之参考；

（4）水产物占生物学大部分可供全省中等学校教材上的采取；

（5）可使各省人民明了居住地位的水界情形；

（6）可表示江河及外海经济上的地位。

3. 设立水产研究所　在全国水产贸易的中心地点，应联络各机关方面，以水产经济为中心筹设之。

结　论

设施水产教育应注意时代性及国际间的关系　建设渔业港为总理规定的计划之一。渔业港之建设须具改良之渔轮若干艘，有训练之渔轮船员若干人，鱼市场、冷藏库、渔业港之管理等均为应准备之事。我国捕鱼场所与日本接壤，彼邦水产教育的设施水产事业之进行，均有比较及准备的必要。欧美水产学术、水产事业及海洋调查之进行，均有派专门人员参加及调查的必要，余若本国水产生物学、海洋物理学、水产化学等研究，其关系于世界的学术亦至为重大。

（5）

谋水产事业建议，必须注重水产教育在过去时期少整个的计划及切实的实施，务审察国内外情形确定，方准切实进行则关系于各省水产区之民生必非浅显也。

关于中央及各省水产教育之进行步骤列表如下：

	中　　央	地　　方
第一时期	1. 确定各级水产学校之制度 2. 中央研究院设立海洋研究部 3. 教育农矿二部会同筹设水产应需用人才之渔业技术人员养成所 4. 由教农二部会同沿海省政府就各省地位订定应采之水产教育方针 5. 中央在留学生名额中应即规定研究渔捞养殖制造水理生物学等学额数名	1. 整理各省省立水产教育机关并注重渔捞方法 2. 培养水产业应即需用分类工作之人才分研究与留学二项 3. 举办沿海区省立渔村师范学校一所并附设初级中学 4. 在总理指定筑渔业港之地由渔村师范学校各附设模范渔民小学一所 5. 沿海各县渔业繁盛处由县经费各设渔民小学一所
第二时期	1. 设立国立水产专科学校 2. 设立国立水产研究所 3. 指定国立大学设立水产科分水产动物、水产植物、浮游生物、海洋学、水产经济等门	1. 扩充省立水产学校之设备并注重养殖制造方面 2. 整理并推广渔民教育 3. 注意渔村社会教育
第三时期	1. 扩充国立水产专科学校 2. 扩充国立水产研究所 3. 扩充国立大学之水产科	1. 扩充省立水产学校之设备并注重各类研究方面 2. 提高渔民教育之程度

原载于《中国建设》1931 年第一卷第 3 期

中央及各省应有之水产教育设施 123

（6）

《中央及各省应有之水产教育设施》，《中国水产事业简史》附录部分（2016 年 1 月整理出版）。原载于《中国建设》1931 年第一卷第 3 期。

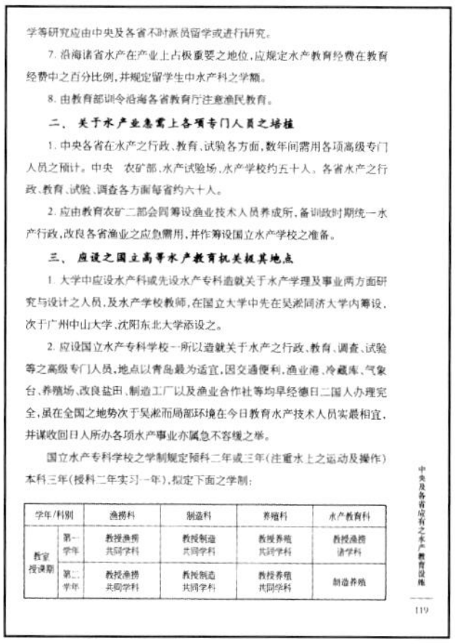

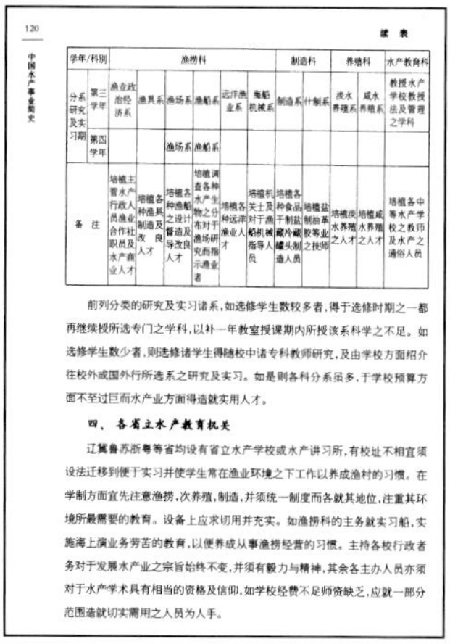

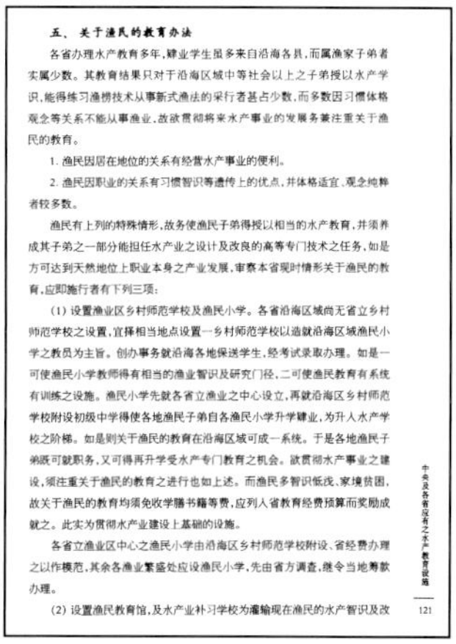

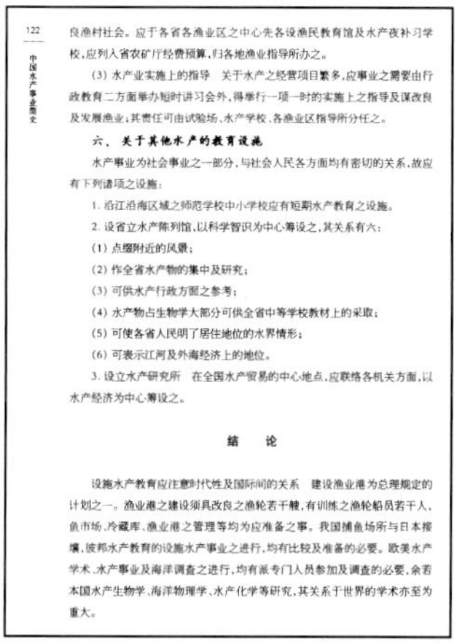

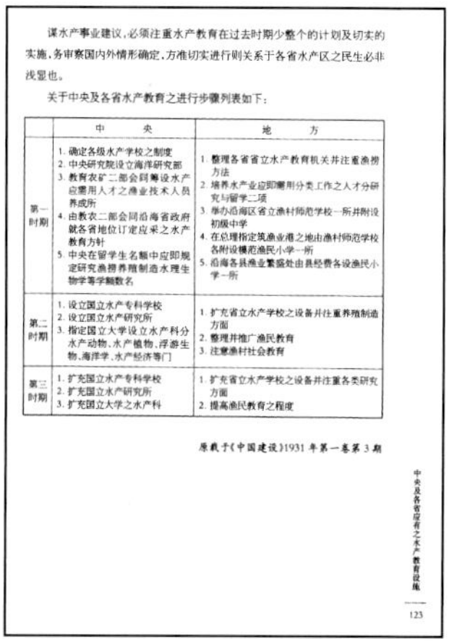

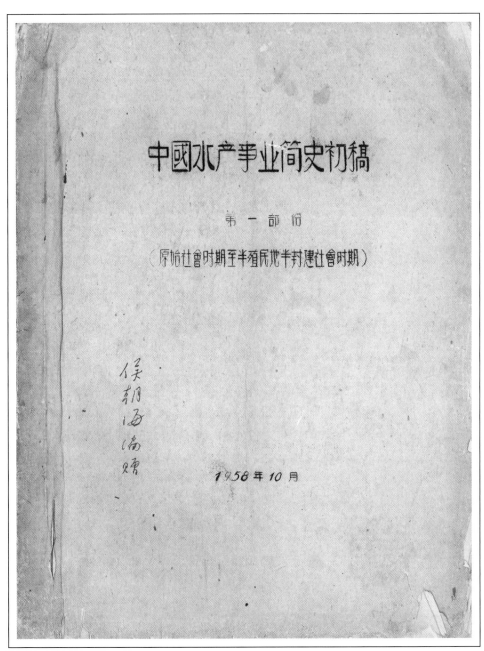

《中国水产事业简史》侯朝海（1958 年 10 月，蜡印稿）

《中国水产事业简史》侯朝海（2016 年 1 月整理出版）

七、中华人民共和国成立后首次聘任的渔捞科教员

1950 年 6 月，学校补发 1949 年 8 月 1 日至 1950 年 1 月 31 日间受聘教员聘书。

1950 年 6 月，学校补发的部分渔捞科师资聘书存根中记载：

水聘字第 001 号　兹聘秦铮如先生为本校教授兼教导主任担任气象学；

水聘字第 002 号　兹聘李士襄先生为本校兼任教授担任渔捞科主任及渔捞学；

水聘字第 014 号　兹聘张友声先生为本校教授担任渔捞学渔捞概论及渔具实习；

水聘字第 016 号　兹聘王敦序先生为本校兼任副教授及技师担任渔具学及渔具实习；

水聘字第 020 号　兹聘陈谋琅先生为本校兼任教授担任日文及水产通论；

水聘字第 021 号　兹聘余鲲先生为本校兼任教授担任渔捞学（欧美部分）；

水聘字第 022 号　兹聘冯顺楼先生为本校兼任副教授担任渔捞学（日本部分）；

水聘字第 024 号　兹聘刘景汉先生为本校兼任教授担任渔具学及渔具实习。

1950 年 6 月，学校颁发 1950 年 2 月 1 日至 1950 年 7 月 31 日间受聘教员聘书。

1950 年 6 月，学校颁发的部分渔捞科师资聘书存根中记载：

水聘字第 1 号　兹聘秦铮如先生为本校教授兼教导主任担任

领港学；

　　水聘字第 2 号　兹聘李士襄先生为本校兼任教授担任渔捞科主任及渔政学；

　　水聘字第 14 号　兹聘张友声先生为本校教授担任渔捞学渔捞概论及渔具实习及专科部渔捞科二年级之导师；

　　水聘字第 16 号　兹聘王敦序先生为本校兼任副教授及技师担任渔具学及渔具实习；

　　水聘字第 20 号　兹聘陈谋琅先生为本校兼任教授担任日文及水产通论；

　　水聘字第 21 号　兹聘余鲲先生为本校兼任教授担任渔捞学；

　　水聘字第 22 号　兹聘冯顺楼先生为本校兼任教授担任渔捞学（日本部分）；

　　水聘字第 24 号　兹聘刘景汉先生为本校兼任教授担任渔具学及渔具实习。

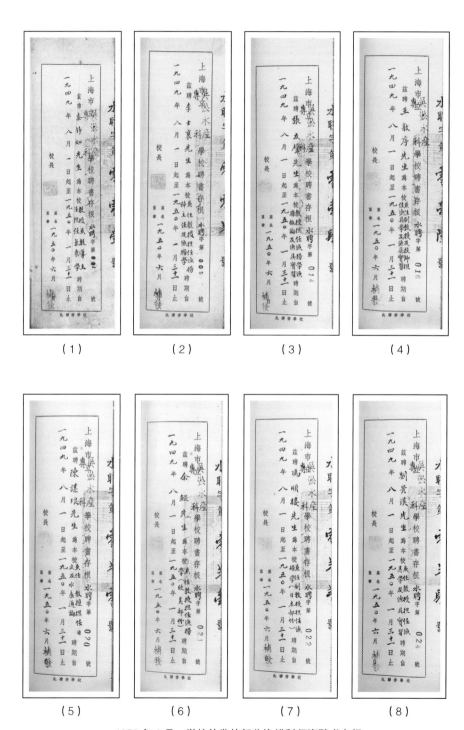

（1）　　　　（2）　　　　（3）　　　　（4）

（5）　　　　（6）　　　　（7）　　　　（8）

1950年6月，学校补发的部分渔捞科师资聘书存根

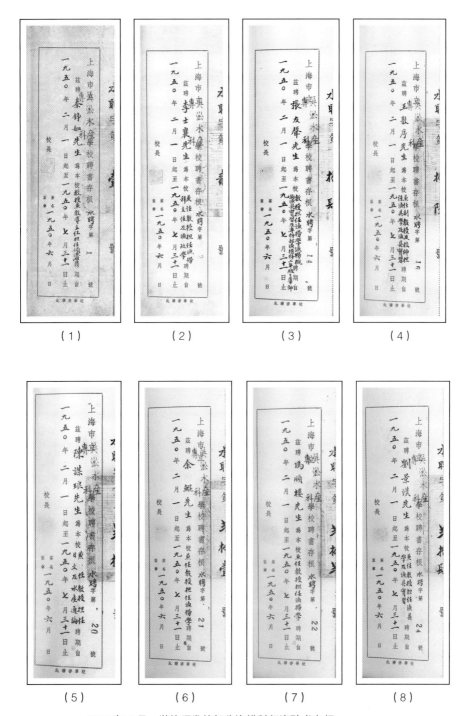

（1）　　　（2）　　　（3）　　　（4）

（5）　　　（6）　　　（7）　　　（8）

1950 年 6 月，学校颁发的部分渔捞科师资聘书存根

八、培养越南留学生

1955 年至 1963 年，学校招收海洋捕捞专业越南留学本科生。

1955 年 9 月，首批越南留学生潘世芳、杨文伟、黎登藩、武文卓、陈一英和范文仁共 6 人来校就读于海洋捕捞专业。

1959 年 7 月 31 日，《上海水产学院院刊》第 69 期第 3 版，对首批海洋捕捞专业越南留学生进行报道如下：

经四载勤教苦学　结中越友谊之果
——海渔系六位越南学生认真赶做毕业作业

在第一实验大楼三楼海洋渔业系工业捕鱼教研组的一个大间里，最近有几个同学在那里忙碌着，计算、绘图、或埋着头在写什么，每天总是工作得很迟。原来他们是渔四的六位越南留学生潘世芳、杨文伟、黎登藩、武文卓、陈一英和范文仁。他们在本月初学完了教学计划所规定的工业捕鱼专业的全部学科后，开始去完成最后一个学习任务——毕业作业（即毕业设计）。

毕业作业题为"尾拖渔轮捕鱼"是在工业捕鱼教研组张友声副教授和乐美龙、王尧耕、王永〔云〕章、余邦涵等教师指导下进行的，要求通过这次作业能运用以往所学课程的知识，并达到掌握渔轮的马力配置和推进机设计和水产资源的分析等。目前毕业作业的初稿已基本完成，将由指导教师研究审定，预计八月初即可完成。

他们四年来的学习是勤奋努力的，在教师的专门辅导下，历次考试都取得了良好的成绩。为了能熟悉接近越南水域的水产情况，我院今年春季还专门安排他们在青年教师带同下，去了广东北部湾和海南岛等作为期二个月的实习和了解渔业生产情况。据有关教师认为：这六位学生毕业后，基本能掌握有关渔轮捕鱼的设计方法，具有一定的设计能力。并认为教好他们，是中越两国间的兄弟友谊所应该做到的。愿中越友谊如松柏长（常）青。

經四載勤教苦学 結中越友誼之果

海漁系六位越南学生認真赶做畢业作业

在第一实验大楼三楼海洋漁业系工业捕鱼教研組的一个大滑里，最近有几个同学在那里忙碌着，計算、繪图、或埋着头在写什么，每天总是工作得很迟。原来他們是漁四的六位越南留学生潘世芳、楊文伟、黎登藩、武文卓、陳一英和范文仁。他們在本月初学完了教学計划所規定的工业捕鱼专业的全部学科后，开始去完成最后一个学习任务——畢业作业（即毕业設計）。

畢业作业題为"尾拖漁輪捕鱼"是在工业捕魚教研組张友声付教授和樂英龙、王尧耕、王永章、余邦淵等教师指导下进行的，要求通过这次作业能运用以往所学课程的知識，斗达到掌握漁輪的馬力配置和推进机設計、網和網板的設計、捕魚机械的初步設計和水产貧源的分析等。且前毕业作业的初稿已基本完成，将由指导教师研究审定，预計八月初即可完成。

他們四年来的学习是勤奋努力的，在教师的专門輔导下，历次考試都取得了良好的成績。为了能熟悉接近越南水域的水产情況，我院今年春季还专門安排他們在青年敦

师带同下，去廣东北部湾和海南島等地作为期二个半月的实习和了解漁业生产情況。据有关教师認为：这六位学生毕业后，基本能掌握有关漁輪捕鱼的設計方法，具有一定的設計能力。并認为教好他們，是中越两国間的兄弟友誼所应該做到的。願中越友誼如松柏长青。

1959 年首届越南留学生毕业合影

　　学成回国的越南留学生大多成为高级水产科技人才，有的还担任领导职务，如首届海洋捕捞专业越南留学生武文卓，担任越南水产部副部长。

　　2002 年，越南国家主席陈德良授予学校友谊勋章及证书，表彰学校培养越南留学生所作出的突出贡献。

2002 年 11 月 1 日，越南水产部副部长阮玉红（前排左二）
向学校转赠越南国家主席陈德良授予学校的友谊勋章及证书

九、翻译苏联教学大纲

根据高等教育部要求，1955 年学校承担翻译苏联中等水产技术学校捕鱼工业技术等教学大纲。1957 年又承担翻译苏联高等水产学校——莫斯科米高扬渔业工学院工业捕鱼等专业相关课程教学大纲。

1957 年上海水产学院翻译的《苏联水产教学大纲》(合订本) 目录中记载的工业捕鱼专业适用的教学大纲如下：

工业捕鱼专业适用的教学大纲

1. 海洋学————————————————莫斯科（1955 年）

2. 无线电技术和雷达基础——————莫斯科（1955 年）

3. 捕鱼机械和装备——————————莫斯科（1955 年）

4. 捕鱼基地和建筑原理————————莫斯科（1955 年）

5. 工业捕鱼——————————————莫斯科（1955 年）

6. 金属、木材与捕鱼材料工艺学————莫斯科（1955 年）

7. 海事————————————————莫斯科（1955 年）

8. 水产品工艺学———————————莫斯科（1955 年）

9. 渔船建造和修理——————————莫斯科（1955 年）

10. 水生生物学和经济鱼类学原理————莫斯科（1956 年）

11. 工业捕鱼教学实习大纲——————莫斯科（1956 年）

12. 一次生产实习提纲————————莫斯科（1956 年）

13. 二次生产实习提纲————————莫斯科（1956 年）

14. 毕业实习大纲——————————莫斯科（1956 年）

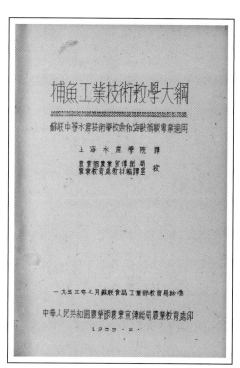

《捕鱼工业技术教学大纲》译本

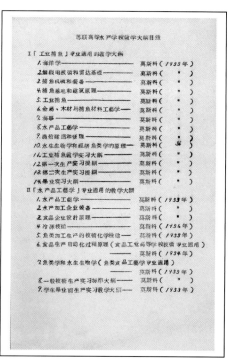

《苏联水产教学大纲》译本

十、苏联专家培养首批研究生

1958—1960 年，由水产部和高等教育部邀请苏联全苏海洋与渔业研究所副所长、技术副博士萨布林柯夫来校举办两年制工业捕鱼师资培训班和研究生班，开设工业捕鱼与鱼群侦察课程。学校八名青年教师参加研究生班学习，分别是乐美龙、姜在泽、张荫乔、顾嗣明、王克忠、徐森林、滕永堃、吴有为。八名教师均通过研究生毕业设计答辩。

1960 年 7 月 23 日，《上海水产学院院刊》第 101 期第 1 版对八名教师二年的学习情况进行如下报道：

随师两载得益无穷
——向苏联专家学习的八位教师通过国家考试获得优良成绩

我院工业捕鱼教研组的八位教师，两年来在苏联专家萨布林可夫同志的亲自指导下，收集了世界各国有关渔业方面的最新资料和国内海洋渔业群众性技术革新技术革命的成果，并深入全国各渔区吸取各渔业生产单位的实际生产经验，进行了有关渔网、渔具设计。最近，又以两个月的时间，在苏联专家的热忱帮助下，完成了包括网具、渔轮设计、渔场、资源、水文、气象等情况，和甲板机械装置等部分的整套工业捕鱼毕业设计。

为了检查毕业设计的成绩，和了解对设计掌握的深度、理论在中国实际生产上的运用等情况，由水产部杨副部长、苏联专家萨布林可夫、上海水产局黄副局长、冯科长、船舶设计院袁工程师、魏工程师和我院、系领导同志组成国家考试委员会，在本月七日、八日两天进行了毕业设计答辩。

通过答辩，八位教师普遍得到考试委员会的好评，认为确已掌握了工业捕鱼的理论知识，并能使理论与中国的生产实际密切结合，对生产上的具体问题也提出了一些意见。如张荫乔设计的题目是"佛子岭水库捕鱼技术与组织",不仅去佛子岭水库作了调查,而且结合在青浦淡水捕捞的初步经验进行设计,既根据水库的水文、气象、地址等情况,又考虑了淡水鱼的保鲜问题等。

苏联专家也表示对这次的毕业设计非常满意,他认为这次的设计内容非常广,在苏联要做同样的设计一般要化(花)半年的时间,而今天八位教师仅化两个月就得到了七个优等一个良好的成绩,他说:这是由于学校党政领导支持的结果,是八位教师发挥了冲天干劲的结果。

随师两载　得益无穷

向苏联专家学习的八位教师通过国家考试获得优良成绩

我院工业捕鱼教研组的八位教师,两年来在苏联专家薕布林可夫同志的亲自指导下,收集了世界各国有关渔业方面的最新资料和国内海洋渔业群众性技术革新技术革命的成果,并深入全国各渔区吸取各渔业生产单位的实际生产经验,进行了有关渔网、渔具设计。最近,又以两个月的时间,在苏联专家的热忱帮助下,完成了包括网具、渔轮设计、鱼场、资源、水文、气象等情况,和甲板机械装置等部分的正套工业捕鱼毕业设计。

为了检查毕业设计的成绩,和了解对设计掌握的深度、理论在中国实际生产上的运用等情况,由水产部杨副部长、苏联专家薕布林可夫、上海水产局黄副局长、冯科长、船舶设计院袁工程师魏工程师和我院、系领导同志组成国家考试委员会,在本月七日八日两天进行了毕业设计答辩。

通过答辩,八位教师普遍得到考试委员会的好评,认为确已掌握了工业捕鱼的理论知识,并能使理论与中国的生产实际密切结合,对生产上的具体问题也提出了一些意见。如张隆乔设计的题目是:"佛子岭水库捕鱼技术与组织",不仅去佛子岭水库作了调查,而且结合在青浦淡水捕捞的初步经验进行设计,既根据水库的水文、气象、地质等情况,又考虑了淡水鱼的保鲜问题等。

苏联专家也表示对这次的毕业设计非常满意,他认为这次的设计内容非常广,在苏联要做同样的设计一般要化半年的时间,而今天八位教师仅化两个月就得到了七个优等一个良好的成绩,他说:这是由于学校党政领导支持的结果,是八位教师发挥了冲天干劲的结果。

（葛慧娟）

上图为乐美龙同志作毕业设计答辩时,水产部杨扶青副部长在提问。

《随师两载得益无穷》,《上海水产学院院刊》101 期（1960 年 7 月 23 日）

十一、试行课程设计

1956 年 11 月 15 日《上海水产学院院刊》第 3 期报道了学校海洋渔业系四年级学生（1957 届）在捕鱼工业教研组教师的指导下，进行了首次课程设计，情形如下。

渔四进行课程设计

从第九周起，渔四同学在捕鱼工业教研组有关老师的指导下，试行课程设计，教研组已经把题目发给同学，主要内容是计算舷拖网、对拖网、围网三种网具在其装备不同、拖速不同条件下捕捞各种渔获对象时的网具阻力，以及改进网具的装配、结构的设计工作等。每一个同学选取其中一题进行计算设计，并绘图说明，提出改进意见。在这以前，教研组会指定四位助教先行试做，以便取得经验，指导同学进行。

课程设计在本院还是第一次，它要求设计者将已学的基础技术和专业知识，结合对生产实际操作的认识和经验，进行分析计算，求得结论。这是巩固知识，培养独立思考和独立工作能力的有效方法之一。

该项设计预定要花三十学时，大约在十二月底以前完成，现在同学们正积极开动脑筋，收集参考数据，在教师指导下进行设计工作。

《渔四进行课程设计》，《上海水产学院院刊》第 3 期（1956 年 11 月 15 日）

漁四進行課程設計

从第九週起，渔四同学在捕鱼工业教研组有关老师的指导下，试行课程设计，教研组已经把题目分发给同学，主要内容是计标舷拖網、对拖網、圍網三种網具在其裝备不同，拖速不同条件下捕捞各种渔获对象时的網具阻力，以及改进網具的裝配、结构的设计工作等。每一个同学选取其中一题进行计标设计，并绘图说明，提出改进意见。在这以前，教研组曾指定四位助教先行试做，以便取得经验，指导同学进行。

課程设计在本院还是第一次，它要求设计者将已学的基础技术和專业知識，结合对生产实际操作的訊識和经验，进行分析计标，求得结论。这是巩固知識，培养独立思考和独立工作能力，的有效方法之一。

该项设计预定要化三十学时，大約在十二月底以前完成，现在同学們正积极开动脑筋，收集参考資料，在教师指导下进行设计工作。（通讯員黃綏九）

十二、来自波兰奥尔斯汀的信

1956 年学校选送 1954 级海洋渔捞专业学生黄学贤赴波兰留学。

1957 年 4 月 27 日《上海水产学院院刊》第 7 期、5 月 30 日第 9 期分别对黄学贤留学波兰期间学习、生活进行报道，具体如下。

来自波兰奥尔斯汀的信

我院留波学生黄学贤

编者按：这是我院留波兰学生黄学贤写给渔三同学的信，现摘要发表。

奥尔斯汀是我以后五年学习的地方，是一座现代化的中型城市，有 20 万居民，这城市并不很古老，像我国的兰州但亦不像苏联共青团城那么年轻，也有几百年的历史了。这里的建筑物都具有民族风格，尖塔顶的或者是屋顶倾斜度很大的，决不像我国的大屋顶，不然冬天的大雪会把它压塌的，这个城市的特点是非常清洁整齐，树林繁盛，很幽静不拥挤喧嚷，是一座良好的文化城，这里有工厂、商店、电影院、剧院……，充分地满足工人和居民的生活和文化上的要求。

在这城市的东南有个湖，1956 年的国际水上运动比赛就在这湖里举行的。这湖是很好的天然养鱼池，很深（最深有 60 米），我们的学校就在城市的东南湖边，地方很大，入口处就是教室以及各（教）师办公场所，再穿过 50 米左右的松树林，就是我们的宿舍，宿舍是在湖边（它离湖有 100 米），是一座四层楼的洋房，它的南边是一座与房子一样高的铺满青草的山岗，那里有很多测候站，其中以土壤为主，这所房子是渔业系的宿舍，这里有七八位朝鲜留学生，他们是我的老前辈，学捕鱼的。这个学校共四个系，渔业系是其中一个，全校共二千多人。在波兰也只有这个学校的渔业系毕业后能得到硕士学位的（其他学校的渔业系只能获得工程师的称号），学习年限是五年。这里有一所渔业研究院，在里面工作的是老教授、博士、研究生……

编者按：这是我院留波兰学生黄学贤写给渔三同学的信，现摘要发表。

来自波蘭奧爾斯汀的信……

我院留波学生黄学贤

奥尔斯汀是我以后五年学习的地方，是一座现代化的中型城市，有20万居民，这城市並不很古老，像我国的兰州但亦不像苏联共青团城那么年轻，也有几百年的历史了。这里的建筑物都具有民族风格，尖塔顶的或者是屋顶倾斜度很大的，决不像我国的大屋顶，不然冬天的大雪会把它压塌的，这个城市的特点是非常清洁整齐，树林繁盛，很幽静不拥挤喧嚷，是一座良好的文化城，这里有工厂、商店、电影院、剧院……，充分地满足工人和居民的生活和文化上的要求。

在这城市的东南有个湖1956年的国际水上运动比赛就在这湖里举行的。这湖是很好的天然养鱼池，很深（最深有60米），我们的学校就在城市的东南湖边，地方很大，入口处就是教室以及各师办公场所，再穿过50米左右的松树林，就是我们的宿舍，宿舍是在湖边（它离湖有100米），是一座四层楼的洋房，它的南边是一座与房子一样高的铺满青草的山冈，那里有很多测候站，其中以土圵为主，这所房子是渔业系的宿舍，这里有七八位朝鲜留学生，他们是我的老前辈，学捕鱼的。这个学校共四个系，渔业系是其中的一个，全校共二千多人。在波兰也祇有这个学校的渔业系毕业后能得到硕士学位的（其他学校的渔业系祇能获得工程师的称号），学习年限是五年。这里有一所鱼业研究院，在里面工作的是老教授、博士、研究生……。（一）

来自奥尔斯汀的信

（我院留波学生黄学贤）

收到你们的来信真使我太兴奋了，一口气读了两遍，不知应该用什么话来表达我的心情才好。祖国在进步，迅速地前进着，每一个角落里都是一片新的气象，我们的母校，我的亲爱的同志们和同学们亦在短短的一年半中经历了千变万化。真的，只有生活在毛泽东时代里才有这样的幸福，只有在共产党的领导下走十月革命的道路，旧的中国才能新生。我们骄傲的祖国，让我们用自己的劳动把它建设得更美丽、更富强。

看了你们的来信，好像吃了人参那样的补，它将鼓舞我更好地去完成学习任务，学好波兰的先进技术，克服大国主义思想，加强国际主义教育，这并不是口号，也不是因感情冲动而乱说几句，而是我所要去做的。

这里的捕鱼系所要学习的东西一般偏重于鱼方面，我们要学的课程如下：政治经济学、辩证唯物主义和历史唯物主义、俄文、西方语言（自选的有英、德、法）、体育、数学、数学统计、物理、植物学和植物形态学、化学（包括普通化学、定量化学、定性化学）、鱼类体（系）统动物学、生物化学、微生物学、水理化学和水形（力）学、鱼类解剖学和鱼类胚胎学、鱼类形态学、鱼类生物学、天气学和气候学、海洋学与海洋生物、机械制图、机器指导、池塘经济、船舶、工具与捕鱼技术、海港与渔业基地、江湖经济、海洋原料基地、渔获物的保获、鱼病、鱼类加工概论、渔业经济、水的清洁保护，选修的有：鱼工业工艺学、渔业经济、鱼的养殖纲要和渔业机械化。这些课程除了加工养殖的专业课450学时外，其他共3700学时是捕鱼方面的或其他有关的课程。

这里的教育方面，师资是比较丰富的，他们开课的必须是教授，不是教授就不开课（当然他们的条件不同），并且每一门功课都用负责教学的教授自编的讲义教，较有系统、质量也较高，与我们专业之需要亦较适应。

这里学生自由支配的时间比较多，学习方面较重，特别是练习课方面，每次都要花很多时间去搞。假如在课前不做好理论上的习作就不能参加实验。

波兰同学在外文方面掌握的（得）非常好，特别像俄文他们都会翻译的，困难根本是很少的。还有西方语言也是很不差的，所以学习两门外文对他们来说是没有问题的。目前我只念俄文，英文暂没学，但以后要补的。我觉得同学们开展的翻译工作是很好的，外文就是要经常接触，否则就学不好，特别是生字最易忘掉，只有每天见面，接触多后就会记住，在这同时要注意急躁情绪，同时也不能忽视其他功课，每门功课我觉得应该脚踏实地地学、循序渐进……

……告诉你们好消息，在周总理访问波兰期间，我曾去华沙迎接他的，在机场上和我握了一下手，你们想，这是多么幸福啊！当晚还参加了波兰国会举行的国宴，见到了所有的领袖们，并且和波兰总理西伦凯维兹、外长拉帕茨基以及他们的夫人分别握手，周总理这次访问波兰的意义是非常巨大的，波兰人民到处以珍贵的歌声来迎接总理，这歌名是"长命百岁"，这是他们在最愉快的节日里唱的。

最近在杂志上看到一篇"鱼类洄游的原因"的文章，就把它翻了下来，花了四小时，抄了两小时，共六小时。这是我出国后翻译的第一次尝试，我体会的一点是在这一方面的学习与学习其他东西一样需要连贯和踏实地搞，一步步地进行。像意大利的名言"快快地慢"，这就是说，做事要深入细致，不要像神话中所说似的一下子飞上去。有些人就只这样想，近代科学发展多么快，隔几年人就能到月亮上去，但是在这过程中，没有人们所进行的各种细致艰苦的劳动是不可想象的，因为他并不是神话。……

来自奥尔斯汀的信

我院留波学生　黄学贤

收到你们的来信真使我太兴奋了，一口气读了二遍，不知应该用什么话来表达我的心情才好。祖国在进步，飞速地前进着，每一个角落里都是一片新的气象，我们的母校，我的亲爱的同志们和同学们亦在短短的一年半中经历了千变万化。真的，只有生活在毛泽东时代里才有这样的幸福，只有在共产党的领导下走十月革命的道路，旧的中国才能新生。我们骄傲的祖国，让我们用自己的劳动把它建设得更美丽、更富强。

看了你们的来信，好像吃了人参那样的补，它将鼓舞我更好地去完成学习任务，学好波兰的先进技术，克服大国主义思想，加强国际主义教育，这并不是口号，也不是因感情冲动而乱话几句，而是我所要去做的。

这里的捕鱼系所要学习的东西一般偏重于鱼方面，我们要学的课程如下：政治经济学、辩证唯物主义和历史唯物主义、俄文、西方语言（自选的有英、德、法）、体育、数学、数学统计、物理、植物学和植物形态学、化学（包括普通化学、定量化学、定性化学）、鱼类体统动物学、生物化学、微生物学、水理化学和水产学、鱼类解剖学和鱼类胚胎学、鱼类形态学、鱼类生物学、天气学和气候学、海洋学与海洋生物、机械制图、机器指导、池塘经济、船舶、工具与捕鱼技术、海港与鱼业基地、江湖经济、海洋原料基地，鱼获物的保获、鱼病、鱼类加工概论、鱼业经济、水的清洁保护，选修的有鱼工业工艺学、鱼业经济和鱼的养殖纲要和渔业机械化。这些课除了加工养殖的专业课450学时外，其他共3700学时是捕鱼方面的或其他有关的课程。

这里的教育方面，师资是比较丰富的，他们开课的必须是教授，不是教授就不开课（当然他们的条件不同），并且每一门功课都用负责教学的教授自编的讲义教，较有系统、质量亦较高，与我们专业之需要亦较适应。

这里学生自由支配的时间较多，学习方面较重，特别是练习课多。每次都要化很多时间去搞。假如在课前不做好理论上的习作就不能参加实验。

波兰同学在外文方面掌握得非常好，特别像俄文他们都会翻译的，困难根本是很少的。还有西方语言也是很不差的，所以学两门外文对他们来说是没有问题。目前我只唸俄文，英文暂没学，但以后要补的。我觉得同学们开展翻译工作是很好的，外文就是要经常接触，否则就学不好，特别是生字最易忘掉，只有每天见面，接触多后就会记住，在这同时注意急燥情绪，同时也不忽视其他功课，每门功课觉得应该踏实地学、循序渐进………

……告诉你们好消息，在周总理访问波兰期间，曾去华沙迎接他的，在机场上和我握了一下手，你说这是多么幸福啊！当晚还参加了波兰国会举行的国宴，见到了所有的领袖们，并和波兰总理西伦凯维兹、部长拉帕茨基以及他们的夫人分别握手，周总理这次访问波兰的意义是非常巨大的，波兰人民到处以珍贵的歌来迎接总理，这歌名是"命百岁"，这是他们在最欢快的节日里唱的。

最近在杂志上看到一篇"鱼类泗游的原因"的文章，就把它翻了下来，化了四小时，抄了二小时，共六小时，这是我出国后翻译的第一篇尝试，我体会的一点是搞一方面的学习与学习其他东西一样需要连贯和踏实地搞，一步步地进行。像意大利的名言"快快地慢"，这就是说，做事要深入细缓，不像神话中所说似的一下子就上去。有些人就只这样想，近代科学发展多么快，隔几年人就能到月亮上去，但在这过程中，没有人们所进行的各种细缓艰苦的劳动是不可想像的，因为它并不是神话。………

十三、开展现场教学　迎接大黄鱼汛

1958 年，为解决教育脱离生产、脱离实际、脱离政治的问题，全国掀起"教育革命"运动。学校在党委领导下，实行"教学、劳动、科研"三结合，组织师生走面向生产和渔民相结合的道路，通过深入渔区、渔村，参加生产劳动，进行现场教学，推动教学改革和科学研究。

1959 年春，海洋渔业系工业捕鱼专业二年级（1958 届），在教师带领下到浙江舟山进行现场教学，与渔民一起投入大黄鱼汛生产。

1959 年 5 月 30 日《上海水产学院院刊》第 66 期描述了当时的情形。具体如下：

迎接大黄鱼汛　渔二同学深入现场

海洋渔业系工业捕鱼专业二年级，按照教育计划规定，这次到舟山进行第一次群众渔业生产劳动，并结合进行现场教学。

目前在舟山地区正是大黄鱼旺发季节。渔二同学这次主要是参加这里的大黄鱼汛生产。大黄鱼是我国特有的经济鱼类，也是产量最大的我国四大鱼类之一，每年从清明到夏至之间来浙江沿海进行产卵洄游，形成著名的夏汛生产——大黄鱼汛。除此（之）外，每年农历八、九月也有大黄鱼来沿岸索饵洄游、一般称"桂花黄鱼"。但它的数量，远比夏汛为少。因此夏汛大黄鱼生产就成为极重要的季节。

大黄鱼一般适宜在 13.7℃—22℃ 的水温中生命（存）；最适温度在 17℃—20℃。盐度在 13‰—31‰；最适盐度为 20‰—24‰。是广盐性鱼类。水色宜在 19—21 号，底质为软泥底或泥夹沙。水深通常在 8—40 米左右。产卵期间雌雄鱼都能发生"吱吱"和"咚咚"的叫声。

大黄鱼渔场在舟山地区有四个：猫头洋、大目洋、岱衢洋和大戢洋。其中每年以岱衢洋生产为最好。今年由于东风刮得猛，水温上升快，因此大黄鱼汛比往年都发得早，第一水（即四月初水）就获得了空前的大丰收。如生产最好的试验所机帆船1—2号，在二天内就捕捞了八百多担，创造了空前未有的新记录。再有如螺门公社的大菁作业，原订全汛平均产量为三百五十担，可是这一水平均产量就达到了三百担。预计四月半水，将有更大的旺发。

渔二同学目前已全部上船，和广大渔民兄弟一起为迎接更大的丰收，他们一边正秣马厉兵，进行着捕捞大黄鱼的各项准备工作，一边积极参加捕捞小水中的墨鱼。相信他们在这富饶的岱衢洋上，在具有悠久历史及丰富生产经验的舟山渔民指导下，一定能取得业务、劳动、思想三丰收。

《迎接大黄鱼汛　渔二同学深入现场》，《上海水产学院院刊》
第66期（1959年5月30日）

十四、对工业捕鱼教育计划修订的看法

自 1952 年以来，学校对工业捕鱼专业的教学计划进行多次修订。对此，1959 年 7 月 31 日《上海水产学院院刊》第 69 期发表了渔捞学教授张友声的看法如下：

我对工业捕鱼专业教育计划修订的看法

张友声

工业捕鱼专业的教学计划，自 1952 年以来，大小修订不下十多次，每次修订总是议论纷纷，各方面的意见从未统一过，推考其原因，主要是培养目标的看法上有所出入，工业捕鱼专业的目标：( ) 综合起来大致是三个主要方面：①担任远洋渔业船长；②领导群众渔业生产，熟悉渔场和资源，从而发展祖国的渔业生产，这两种意见偏重生物方面的；而第三种意见，是以渔具和捕鱼机械的设计为重点，从事渔业机械化的工作，则重于理工方面的。以上三种意见，都基于学习苏联先进经验，结合我国的实际出发的，不过其中具有某种程度的差别，在于预测渔业发展前途和所需何等样的干部上看法不同。

几年来渔业发展和各方面使用技术干部的情况证明，一个社会主义国家的建设和干部的使用，大都从多面手开始，逐渐走上集体主义分工的道路，我们的渔业技术人才，也没有例外。特别在技术干部缺乏的时候，需要广泛基础的技术人才更为迫切，因此，培养目标广泛一些是有好处的。随着建设事业的顺利前进，人才需要量越大；越要求专业的人才，分工愈细。到了那个阶段，为适应时代的趋势，造就人才就愈专愈好了。培养目标可以窄一些，培养人才须专而深。这是合乎发展规律的，过于超前或落后，都是不相宜的。

我院的建立，是从无到有，基础非常薄弱，不论师资，教材和教学设备等方面，既无遗产，也少外援。几年来在党的领导下，积极地建树起来，师资教学设备和教材方面，与日俱增地奠定了现在的规模，以学校发展的迅速论，在资本主义国家中是很难想象的一件事，是值得骄傲的。可是，对于培养人才的质量方面，虽然历年来逐有所提高，而培养目标，对国家所需干部的口径，多年来在摸索，没有明确下来，因此，以往修订教学计划中关于培养目标的争论点，孰是孰非，很难下结论。

这次工业捕渔（鱼）专业的培养目标，是适应目前情况和今后短期的发展趋势的。其理由约有四个方面。①从师资教材论，在党的教育下和苏联专家的培养下，已具有相当数量和质量的青年教师，已足以胜任渔具设计等教学工作；②自1956年以来在四国渔业协议之下，中苏科学家共同调查东黄南海的资源，和海军的海洋学调查，有利于资源蕴藏的摸索，从而打下渔况的预报和资源预报的基础；③各企业和各渔区的人民公社都具备试验船只从事科学研究；④全国在中国科学院和水产部的领导下，各省市区都建立了为渔业生产服务的水产研究所和实验所，并经过了全国渔具渔船的普查，总结了群众经验，和鱼类学原理的研究工作也已揭开了序幕。这些有利条件，都充分说明了我国从事渔业生产的工作者或多或少具备了科学的头脑，或者已有科学的思想基础，为今后科学领导生产奠定了一定的有利条件。目前之计，正需要水产科学研究工作者怎样跨上千里驹，跑向生产者的前面去。因此现在修订的教育计划和培养目标必须向这一方向发展，我们培养具有高度的专业人才来适应这时代的需要，是责无旁贷的。所以说这次的培养目标非常成功，使学生具备比较专一些的知识，是必要的，也即是这次修订教学计划成就的特点。

最后请容许我提出一些意见，为保证培养今后干部的质量起见，请院系领导注意师资的继续提高，教学环节中必要的参考书和实验实习的设备的添置，并培养将来为声光电辅佐性集鱼和探鱼的工具仪器等的研究工作者，以期在不长的时期内开出课程，籍（藉）以提高工业捕鱼机械工程师的质量，使他们永远站在时代的前面，在渔业生产服务过程中很好地发挥作用。

我对工业捕鱼专业教育计划修订的看法

·张 友 声·

工业捕鱼专业的教学计划，自1952以来，大小修订不下十多次，每次修订总是议论纷纷，各方面的意见从未统一过，推考其原因，主要是培养目标的看法上有所出入。工业捕鱼专业的目标：综合起来大致是三个主要方面：①担任远洋渔业船长；②领导群众渔业生产，熟悉渔场和资源，从而发展祖国的渔业生产，这两种意见偏重生物方面的；而第三种意见，是以渔具和捕鱼机械的设计为重点，从事渔业机械化的工作，则重于理工方面的。以上三种意见，都基于学习苏联先进经验，结合我国的实际出发的，不过其中具有某种程度的差别，在于预测渔业发展前途和所需何等样的干部上看法不同。

几年来渔业发展和各方面使用技术干部的情况证明，一个社会主义国家的建设和干部的使用，大都从多面手开始，逐渐走上集体主义分工的道路，我们的渔业技术人才，也没有例外。特别在技术干部缺乏的时候，需要广泛基础的技术人才更为迫切，因此，培养目标广泛一些是有好处的。随着建设事业的顺利前进，人才需要量越大；越要求专业的人才，分工愈细。到了那个阶段，为适应时代的趋势，造就人才就愈专愈好了。

培养目标可以窄一些，培养人才须专而深。这是合乎发展规律的，过于超前或落后，都是不相宜的。

我院的建立，是从无到有，基础非常薄弱，不论师资，教材和教学设备等方面，既无遗产，也少外援。几年来在党的领导下，积极地建树起来，师资教学设备和教材方面，与日俱增地奠定了现在的规模，以学校发展的迅速论。在资本主义国家中是很难想象的一件事，是值得骄傲的。可是，对于培养人才的质量方面，虽然历年来逐有所提高，而培养目标，对国家所需干部的口径，多年来在摸索，没有明确下来，因此，以往修订教学计划中关于培养目标的争论点，孰是孰非，很难下结论。

这次工业捕渔专业的培养目标，是适应目前情况和今后短期的发展趋势的。其理由约有四个方面。①从师资教材论，在党的教育下和苏联专家的培养下，已具有相当数量和质量的青年教师，已足以胜任渔具设计与教学工作；②自1956年以来在四国渔业协定之下，中苏科学家共同调查东黄南海的资源，和海军的海洋学调查，有利于资源蕴藏的摸索，从而打下渔况的预报和资源预报的基础；③各企业和各渔区的人民公社都具备试验船只

从事科学研究；④全国在中国科学院和水产部的领导下，各省市区都建立了为渔业生产服务的水产研究所和实验所，并经过了全国渔具渔船的普查，总结了群众经验，和鱼类学原理的研究工作也已揭开了序幕。这些有利条件，都充分说明了我国从事渔业生产的工作者或多或少具备了科学的头脑，或者已有科学的思想基础，为今后科学领导生产奠定了一定的有利条件。目前之计，正需要水产科学研究工作者怎样跨上千里驹，跑向生产者的前面去。因此现在修订的教育计划和培养目标必须向这一方向发展，我们培养具有高度的专门人才来适应这时代的需要，是责无旁贷的。所以说这次的培养目标非常成功，使学生具备比较专一些的知识，是必要的，也即是这次修订教学计划成就的特点。

最后请容许我提出一些意见，为保证培养今后干部的质量起见，请院系领导注意师资的继续提高，教学环节中必要的参考书和实验实习的设备的添置，并培养将来为声光电辐射性集鱼和探鱼的工具仪器等的研究工作者，以期在不长的时期内开出课程，藉以提高工业捕鱼机械工程师的质量，使他们永远站在时代的前面，在渔业生产服务过程中很好地发挥作用。

《我对工业捕鱼专业教育计划修订的看法》，《上海水产学院院刊》
第 69 期（1959 年 7 月 31 日）

十五、学校学报上师生发表的捕捞学相关文章

1960年,《上海水产学院学报》创刊,1960—1991年仅出版创刊号。1992年复刊,国内外公开发行。随着学校更名,学校学报依次更名为《上海水产大学学报》《上海海洋大学学报》。

上海海洋大学档案馆馆藏1960年至2017年学报档案中,学校师生发表的捕捞学相关文章有182篇,详见下表:

1960—2017年学校师生在学报上发表的捕捞学相关文章一览表

序号	题 名	作 者	发表年份
1	《网线某些技术特性试验报告》	姜在泽、徐森林等	1960年
2	《浙江带鱼汛增产问题的探讨》	任为公等	1960年
3	《CAD在分压式拦鱼电栅设计中的应用》	楼文高、钟为国等	1992年
4	《摩洛哥渔场六片式拖网的特点与适用性》	崔建章	1992年
5	《关于太平洋海域禁用大型远洋流网作业问题》	乐美龙	1995年
6	《联合渔法在古巴水库渔业中的应用》	李应森	1995年
7	《西撒哈拉沿海章鱼拖网的改进试验》	张继平、季星辉	1995年
8	《六片式拖网在几内亚渔场的适用性》	蒋传参	1995年
9	《海锚的张力强度计算》	崔京南、王维权	1995年
10	《我国鱿钓业中集鱼灯应用的现状》	倪谷来	1996年
11	《方形网目的网片与水流平行时的流体阻力系数研究》	孙满昌	1996年
12	《专属经济区制度对我国海洋渔业的影响》	黄硕琳	1996年
13	《我国过洋性渔业中底拖网渔具渔法的选择》	张敏	1996年
14	《鱿钓渔船及其装备的探讨》	胡明堉	1996年
15	《有关国家的水产类本科专业设置和调整的比较研究》	乐美龙、林辉煌	1996年
16	《面向21世纪水产类本科教育改革的思考》	周应祺	1996年

（续表）

序号	题　名	作　者	发表年份
17	《21 世纪海洋渔业专业人才规格初探》	黄硕琳	1996 年
18	《地中海金枪鱼延绳钓渔获物组成的初步分析》	戴小杰	1997 年
19	《大西洋中部金枪鱼延绳钓捕捞技术初探》	宋利明	1997 年
20	《新西兰周围海域双柔鱼渔场及其渔获分布》	陈新军	1998 年
21	《国际渔业管理制度的最新发展及我国渔业所面临的挑战》	黄硕琳	1998 年
22	《世界头足类资源开发现状和中国远洋鱿钓渔业发展概况》	王尧耕、陈新军	1998 年
23	《中西太平洋金枪鱼延绳钓捕捞技术的改进》	宋利明	1998 年
24	《利用帆布提高拖网扩张性能的比较试验》	张敏、孙满昌、姚来富、陈新军	1998 年
25	《鱼的体长、游速与耐力的关系及其在拖网作业中的应用》	郑奕	1999 年
26	《大型柔鱼钓捕技术的初步研究》	陈新军、黄洪亮	1999 年
27	《北太平洋（160 °E ～ 170 °E）大型柔鱼渔场的初步研究》	陈新军	1999 年
28	《〈执行 1982 年 12 月 10 日"联合国海洋法公约"有关养护和管理跨界鱼类和高度洄游鱼类种群规定的协定〉的实施对中国金枪鱼延绳钓渔业的影响及其对策》	宋利明	1999 年
29	《钓钩颜色和大小对双柔鱼钓捕效率的影响》	陈新军	1999 年
30	《地中海蓝鳍金枪鱼上钩率、叉长特征初步分析》	戴小杰、项忆军	2000 年
31	《有关捕捞能力量化统计方法的探讨》	周应祺、陈新军、张相国	2000 年
32	《总可捕量和个别可转让渔获配额在我国渔业管理中应用的探讨》	唐建业、黄硕琳	2000 年

（续表）

序号	题　名	作　者	发表年份
33	《中国远洋鱿钓渔业的可持续发展探讨》	胡明瑁、陈新军	2000 年
34	《我国渔业政策与渔业管理问题探讨》	刘克岚、黄硕琳	2000 年
35	《北太平洋海域白天利用水下灯钓捕大型柔鱼的试验报告》	陈新军	2000 年
36	《关于我国休渔制度问题的探讨》	郭文路、黄硕琳	2000 年
37	《多功能电鱼法实验电源设计及验证》	王国强、楼文高	2000 年
38	《国际海洋渔业管理的发展历史及趋势》	陈新军、周应祺	2000 年
39	《光诱鱿鱼浮拖网渔具渔法试验》	戴天元、洪明苇、郑国富等	2001 年
40	《海洋渔业可持续利用预警系统的初步研究》	陈新军、周应祺	2001 年
41	《智利竹筴鱼拖网最适网囊网目尺寸探讨》	邹晓荣、张敏	2001 年
42	《控制我国海洋捕捞强度所面临的问题与对策探讨》	郭文路、黄硕琳	2001 年
43	《〈中越北部湾渔业合作协定〉对我国南海各省（区）海洋渔业影响的初步分析》	黄永兰、黄硕琳	2001 年
44	《北太平洋西经海域（175°W—170°W）温盐分布及其与柔鱼渔场关系的初步研究》	刘洪生、杨红、章守宇	2001 年
45	《西南大西洋鱿钓作业中钓钩和钓线使用的调查试验研究》	唐议	2001 年
46	《总可捕量制度在我国的可行性分析》	黄金玲、黄硕琳	2002 年
47	《PTP 法在我国海洋渔业中的应用》	郑奕、周应祺	2002 年
48	《两种鱿鱼资源和其开发利用》	杨德康	2002 年
49	《远洋鱿钓水下灯控制系统的设计与研制》	吴燕翔、吴锦荣	2002 年
50	《DEA 理论及其在我国海洋渔业中的应用》	郑奕、周应祺	2002 年
51	《捕捞能力及其计量》	周应祺、郑奕	2002 年
52	《我国渔业管理运用渔船监控系统的探讨》	曹世娟、黄硕琳、郭文路	2002 年

（续表）

序号	题　名	作　者	发表年份
53	《渔业资源可持续利用系统化评价方法的应用研究》	陈新军、周应祺	2003 年
54	《我国实施渔业权制度可行性初探》	陈锦辉、黄硕琳、倪雪朋	2003 年
55	《深水双锥型网箱的阻力计算》	夏泰淳、张健	2003 年
56	《对我国渔业船舶检验制度的思考》	魏韵卿、黄硕琳	2003 年
57	《我国实施捕捞限额制度的有关问题》	唐议、唐建业	2003 年
58	《新西兰捕捞配额制度中配额权的法律性质分析》	唐建业、黄硕琳	2003 年
59	《Studies on the joint conservation and exploitation of the fisheries resources in the East China Sea and the Yellow Sea》	TANG Jian-ye、HUANG Shuo-lin	2003 年
60	《Study on the measures of the marine fishing capacity of Chinese Fleets and discussion on the measuring methods》	ZHENG Yi、ZHOU Ying-qi	2003 年
61	《Reducing the excessive fishing vessels to sustainable exploitation of marine fishery resource in China》	GUO Wen-lu、HUANG Shuo-lin、CAO Shi-juan	2003 年
62	《南太平洋常设委员会渔业管理趋势及对我国发展智利竹箓鱼渔业的影响初探》	黄永莲、黄硕琳	2004 年
63	《鱿钓船灯光有效利用的初步研究》	陈新军、钱卫国、郑奕	2004 年
64	《北太平洋 150 °E 以西海域柔鱼渔场与时空、表温及水温垂直结构的关系》	陈新军	2004 年
65	《〈中西太平洋高度洄游鱼类种群养护和管理公约〉对我国金枪鱼渔业影响的探讨》	黄永莲、黄硕琳	2004 年
66	《印度洋西北海域鸢乌贼生物学特性初步研究》	叶旭昌、陈新军	2004 年
67	《桁杆张网渔具菱形和方形网目网囊的选择性研究》	张健、孙满昌、彭永章等	2004 年
68	《印度洋大眼金枪鱼延绳钓钓获率与 50 m、150 m 水层温差间关系的初步研究》	冯波、许柳雄	2004 年

（续表）

序号	题　名	作　者	发表年份
69	《印度洋西北部海域茎乌贼资源密度分布的初步分析》	陈新军、钱卫国	2004 年
70	《印度洋西北部海域茎乌贼渔获量、渔获率和脱钩率的初步研究》	田思泉、钱卫国、陈新军	2004 年
71	《印度洋西北部海域茎乌贼渔场与海洋环境因子关系的初步分析》	陈新军、叶旭昌	2005 年
72	《不同张纲连接系统对碟形网箱浮环安全性能影响的分析》	汤威、孙满昌、袁军亭等	2005 年
73	《东太平洋热带海域大青鲨长度组成、肝重指数特征分析》	戴小杰、许柳雄、宋利明	2005 年
74	《西北太平洋海域柔鱼产卵场和作业渔场的水温年间比较及其与资源丰度的关系》	陈新军、田思泉、许柳雄	2005 年
75	《两种集鱼灯的光照度分布及其钓捕效果比较》	钱卫国、陈新军	2005 年
76	《渔业配额权流转的制度分析》	唐建业、黄硕琳	2005 年
77	《关于我国渔船削减计划的研究》	刘立明、黄硕琳	2005 年
78	《印度洋大眼金枪鱼垂直分布与水温的关系》	姜浪波、许柳雄、黄金玲	2005 年
79	《中西太平洋金枪鱼围网渔业渔获组成及叉长与体重关系》	杨松、陈新军、许柳雄	2005 年
80	《沿海捕捞渔民转产转业政策的分析》	陈鹏、黄硕琳、陈锦辉	2005 年
81	《鱼类标志放流技术的研究现状》	陈锦淘、戴小杰	2005 年
82	《秘鲁外海茎柔鱼产量分布及其与表温关系的初步研究》	陈新军、赵小虎	2006 年
83	《气力提升泵性能影响因子的初步试验》	袁军亭、汤威、孙满昌	2006 年
84	《生态足迹理论的微观分析 - 成分法的算法及应用》	胡淼、周应祺	2006 年
85	《东南太平洋智利竹筴鱼渔场分布及其与海表温关系的研究》	邵帼瑛、张敏	2006 年
86	《大西洋金枪鱼延绳钓主要渔获物生物学特性的初步分析》	姜文新、许柳雄、朱国平	2006 年

序号	题　名	作　者	发表年份
87	《东太平洋金枪鱼延绳钓兼捕鲨鱼种类及其渔获量分析》	戴小杰、许柳雄、宋利明等	2006 年
88	《渔业配额管理制度实施过程分析》	唐建业	2006 年
89	《SPF 理论及其在捕捞能力计算中的应用》	冯春雷、黄洪亮、陈雪忠	2007 年
90	《北太平洋公海秋刀鱼生物学特性初步研究》	叶旭昌、刘喻、朱清澄等	2007 年
91	《秘鲁外海茎柔鱼胴长组成及性成熟初步研究》	叶旭昌、陈新军	2007 年
92	《智利外海茎柔鱼渔获率及钓捕技术的初步研究》	钱卫国、陈新军、郑波	2007 年
93	《集鱼灯灯光分布及茎柔鱼钓捕效果分析》	钱卫国、陈新军、郑波	2007 年
94	《我国海洋渔业安全生产状况分析》	邹伟红、唐议、刘金红	2007 年
95	《光诱渔业中光强分布的理论研究及其应用》	肖启华、张丽蕊	2007 年
96	《智利外海茎柔鱼资源密度分布与渔场环境的关系》	钱卫国、陈新军、郑波等	2008 年
97	《夏季西北太平洋公海秋刀鱼渔场浮游动物数量分布初步研究》	朱清澄、马伟刚、刘昊等	2008 年
98	《我国竹筴鱼中层拖网网具性能分析》	许永久、张敏、邹晓荣等	2008 年
99	《澳大利亚控制 IUU 捕捞的国家措施及其对我国渔业管理的启示》	袁华、唐建业、黄硕琳	2008 年
100	《当前黑龙江渔业管理中存在的问题与建议》	闫新刚、黄硕琳、唐建业等	2008 年
101	《桁拖网不同网目结构网囊对主要鱼类的选择性研究》	张健、孙满昌、钱卫国	2008 年
102	《几内亚比绍海域渔获物种类组成及其多样性》	朱国平、邹晓荣、朱江峰等	2008 年
103	《西南太平洋阿根廷滑柔鱼渔场与主要海洋环境因子关系探讨》	张炜、张健	2008 年

序号	题　　名	作　者	发表年份
104	《桁拖网渔具刚性栅栏对虾类的分隔性能》	张健、石建高、张鹏等	2008 年
105	《南海北部金线鱼延绳钓渔获分析》	张鹏、杨吝、谭永光等	2008 年
106	《国际社会对渔业统计的要求及完善我国渔业统计制度的思考》	孙雯钦、黄硕琳	2009 年
107	《智利竹筴鱼 3 群体遗传关系初步分析》	张敏、许永久、王成辉等	2009 年
108	《我国渔业行政管理体制改革的初步研究》	闫新刚、黄硕琳	2009 年
109	《鱿鱼类资源评估与管理研究现状》	陈新军、曹杰、田思泉等	2009 年
110	《印尼阿拉弗拉海大西洋带鱼生物学特性的初步研究》	朱清澄、马伟刚、花传祥等	2009 年
111	《东南太平洋公海智利竹筴鱼年龄与生长研究》	邹莉瑾、张敏、邹晓荣等	2010 年
112	《智利外海茎柔鱼繁殖的生物学初步研究》	刘必林、陈新军、钱卫国等	2010 年
113	《印度尼西亚阿拉弗拉海浅色黄姑鱼生物学特性初步研究》	朱清澄、董炳秀、花传祥等	2010 年
114	《基于意愿价值评估法的三门湾资源环境非使用价值研究》	李惠、黄硕琳	2010 年
115	《船载海吊关键部件设计》	陈洪武、朱清澄	2010 年
116	《鱿鱼类资源量变化与海洋环境关系的研究进展》	曹杰、陈新军、刘必林	2010 年
117	《不同名义 CPUE 计算法对 CPUE 标准化的影响》	田思泉、陈新军	2010 年
118	《我国海岸带综合管理的探索性研究》	黄康宁、黄硕琳	2010 年
119	《西北太平洋柔鱼渔场与水温垂直结构关系》	陈峰、陈新军、刘必林等	2010 年
120	《海洋保护区与渔业管理的关系及其在渔业管理中的应用》	宋颖、唐议	2010 年

（续表）

序号	题　名	作　者	发表年份
121	《印度洋黄鳍金枪鱼"栖息地综合指数"》	武亚苹、宋利明	2010 年
122	《西北太平洋公海秋刀鱼生物学特性》	张阳、朱清澄、殷远等	2010 年
123	《中西太平洋雌性鲣鱼生殖特征研究》	宫领芳、许柳雄、管卫兵	2010 年
124	《基于 PLS 的东南太平洋智利竹筴鱼渔场与海洋环境关系研究》	晋伟红、张敏、邹晓荣等	2010 年
125	《东南太平洋茎柔鱼栖息地指数分布研究》	贾涛、李纲、陈新军等	2010 年
126	《秘鲁外海茎柔鱼对机钓钩颜色选择性研究》	贾涛、李纲、陈新军等	2010 年
127	《东南太平洋智利竹筴鱼 RAPD 遗传多样性研究》	张伟、张敏、邹晓荣、许强华、谢峰、吴昔磊	2011 年
128	《近海捕捞能力控制中税费的作用模拟与费率设计》	郑奕、周应祺、周应恒	2011 年
129	《印度洋中国大眼金枪鱼延绳钓渔业 CPUE 标准化》	戴小杰、马超、田思泉	2011 年
130	《西北太平洋秋刀鱼分鱼系统的改进》	殷远、朱清澄、宋利明、花传祥、吕凯凯、晏磊、张阳	2011 年
131	《吕四渔场黄鲫耳石形态及日龄分析》	张健、刘必林、陈小康、彭永章	2011 年
132	《两种延绳钓钓具大眼金枪鱼捕捞效率的比较》	宋利明、杨嘉樑、胡振新、吕凯凯	2011 年
133	《南半球夏季西南大西洋阿根廷外海巴西真鲷群体组成特性初步分析》	朱国平、许柳雄	2011 年
134	《我国海洋环境保护适用预警原则的分析》	韦记朋、黄硕琳	2011 年
135	《公海金枪鱼渔业管理趋势研究》	聂启义、黄硕琳	2011 年
136	《我国渔业资源增殖放流管理的分析研究》	李陆嫔、黄硕琳	2011 年
137	《东南太平洋智利竹筴鱼矢耳石的形态特征分析》	吴超、邹晓荣、张敏、张伟、周斌、陆奇巍、徐申南	2011 年

（续表）

序号	题　名	作　者	发表年份
138	《地理信息系统在海洋渔业中的应用现状及前景分析》	龚彩霞、陈新军、高峰、官文江、雷林	2011 年
139	《南极半岛北部水域南极磷虾抱卵雌体基础生物学比较研究》	朱国平、朱小艳、徐怡瑛、许柳雄	2012 年
140	《构建我国海洋综合协调机制的初步研究》	赵嵌嵌、黄硕琳	2012 年
141	《日本海洋立法新发展及其对我国的影响》	杨洁、黄硕琳	2012 年
142	《资源价值核算理论在渔业资源中的应用》	王雅丽、陈新军、李纲	2012 年
143	《东太平洋不同海区茎柔鱼渔业生物学的初步研究》	陈新军、李建华、刘必林、李纲、钱卫国	2012 年
144	《1 kW 国产金属卤化物灯光学特性及其应用》	钱卫国、官文江、陈新军	2012 年
145	《2010 年北太平洋公海秋刀鱼渔场分布及其与表温的关系》	晏磊、朱清澄、张阳、商李磊	2012 年
146	《中部大西洋剑鱼栖息深度分布特征》	韩晓乐、戴小杰、朱江峰、田思泉	2012 年
147	《3 种鱼群个体间距的计算方法比较》	张仲秋、周应祺、钱卫国、王明、王军	2012 年
148	《大洋性柔鱼类资源开发现状及可持续利用的科学问题》	陈新军、陆化杰、刘必林、田思泉	2012 年
149	《2010/2011 年夏季南设得兰群岛北部南极磷虾体长时空分布特征》	朱国平、朱小艳、徐怡瑛、夏辉、李莹春、徐鹏翔、许柳雄	2012 年
150	《马绍尔群岛海域大眼金枪鱼耳石形态》	宋利明、吕凯凯、杨嘉樑、胡振新	2012 年
151	《东南太平洋智利竹筴鱼卵巢发育的组织学观察》	周斌、张敏、邹晓荣、陆奇巍、吴超、晋伟红	2012 年
152	《阿根廷专属经济区内鱿钓渔场分布及其与表温关系》	方舟、陈新军、李建华、陆化杰	2013 年

（续表）

序号	题　名	作　者	发表年份
153	《2009/2010—2011/2012 渔季中国南极磷虾渔业渔场时空变动》	朱国平、徐怡瑛、夏辉、李莹春、朱小艳、徐鹏翔、孟涛、许柳雄	2013 年
154	《鱼类集群行为的研究进展》	周应祺、王军、钱卫国、曹道梅、张仲秋、柳玲飞	2013 年
155	《我国专属经济区管理现状分析》	徐丛政、黄硕琳	2013 年
156	《国际小型渔业管理研究现状》	陈园园、唐议	2013 年
157	《中西太平洋金枪鱼围网鲣鱼自由鱼群捕获成功率与温跃层特性的关系》	王学昉、许柳雄、周成、朱国平、唐浩	2013 年
158	《中大西洋延绳钓渔业大眼金枪鱼体长频率时空分布》	汪文婷、田思泉、戴小杰、杨晓明、吴峰	2013 年
159	《秋刀鱼集鱼灯箱内不同灯位的照度实验比较研究》	朱清澄、张衍栋、夏辉、花传祥	2013 年
160	《海洋捕捞渔船用生物柴油减排的成本—效益分析》	肖晓芸、黄硕琳	2013 年
161	《主捕长鳍金枪鱼延绳钓钓具的最适浸泡时间》	宋利明、李冬静、刘海阳、陈平、李杰	2014 年
162	《漂流人工集鱼装置随附鱼群中鲯鳅的生物学特性》	王学昉、许柳雄、唐浩、周成、朱国平	2014 年
163	《摩洛哥南部沿岸两种沙丁鱼耳石形态识别的初步研究》	方舟、叶旭昌、李凤莹、陈新军	2014 年
164	《库克群岛海域长鳍金枪鱼脂肪含量》	宋利明、陈浩、胡桂森、李冬静	2014 年
165	《中西太平洋金枪鱼渔业管理现状分析》	沈卉卉、黄硕琳	2014 年
166	《基于 GIS 的东南太平洋智利竹筴鱼时空分布年际差异分析》	梁严威、邹晓荣、吴昔磊、张敏、陆奇巍、许啸、陈春光	2014 年

（续表）

序号	题　名	作　者	发表年份
167	《我国海洋捕捞渔民群体收入问题浅析》	宋力男、黄硕琳	2015 年
168	《东海区底拖网对小黄鱼的选择性研究》	宋学锋、陈雪忠、黄洪亮、唐峰华、王德虎、屈泰春	2015 年
169	《不同倾角的秋刀鱼集鱼灯箱照度实验比较研究》	花传祥、朱清澄、夏辉、张衍栋、石永闯	2015 年
170	《LED 集鱼灯在海中的光谱分布及使用效果分析》	王伟杰、钱卫国、孔祥洪、叶超、卢克祥	2015 年
171	《中西太平洋人工集鱼装置下鲣鱼的碳氮稳定同位素组成初步分析》	王少琴、许柳雄、王学昉、唐浩、周成、朱国平、朱江峰	2015 年
172	《2013 年北太平洋公海秋刀鱼渔场与海洋环境的关系》	张孝民、朱清澄、花传祥	2015 年
173	《尼龙有结节菱形网片水动力系数》	陈鹿、周应祺、曹道梅、邹晓荣、李玉伟、黄洪亮、刘健	2015 年
174	《基于北斗卫星船位数据提取拖网航次方法研究》	张胜茂、程田飞、王晓璇、张寒野、刘勇、冯春雷、黄洪亮	2016 年
175	《库克群岛海域海洋环境因子对黄鳍金枪鱼渔获率的影响》	宋利明、沈智宾、周建坤、李冬静	2016 年
176	《我国南海区海洋捕捞渔船现状分析》	郑彤、唐议	2016 年
177	《大西洋蓝鳍金枪鱼资源开发与养护问题分析》	吕翔、黄硕琳	2016 年
178	《西北太平洋秋刀鱼耳石生长与性成熟度、个体大小的关系》	朱清澄、杨明树、高玉珍、花传祥、李珊珊、周扬帆	2017 年

（续表）

序号	题　名	作　者	发表年份
179	《环型钓钩拉伸实验与 ANSYS 模拟的对比研究》	刘海阳、宋利明、袁军亭、马骏驰、郭根喜	2017 年
180	《美国地区渔业管理委员会的决策机制探究》	林娜、黄硕琳	2017 年
181	《港口国措施对治理 IUU 捕捞的有效性及〈港口国措施协定〉对我国的影响分析》	王甜甜、唐议	2017 年
182	《基于栖息地指数模型的毛里塔尼亚头足类底拖网渔场研究》	陈程、陈新军、雷林、汪金涛、刘大鹏、徐良琦、黄建忠	2017 年

此外，《上海水产大学学报》2007 年第 16 卷第 6 期刊登文章——《上海水产大学重点学科概况——捕捞学学科》，对捕捞学学科进行介绍，全文如下：

上海水产大学重点学科概况
——捕捞学学科

上海水产大学捕捞学学科创立于 1912 年。九十多年来，为我国海洋渔业生产、教育、科研和管理部门培养了大批优秀高级专业人才，也为学科发展打下坚实基础。学科科研力量雄厚，师资结构合理，具备解决我国海洋捕捞、渔业资源和海洋渔业管理等有关重大问题的能力。学科综合实力处于国内领先地位，部分研究领域科研能力也已达到国际同类学科先进水平。

学科于 2000 年获得博士学位授予权，成为全国水产院校中第一批具有博士学位授予资格的学科。2003 年获水产学一级学科博士后科研流动站。1999 年，学科被农业部批准为农业部重点学科。2000（2001）年和 2005 年分别被批准为上海市教委重点学科和上海市重点学科。

学科主要研究方向有渔业资源与渔场学、渔具渔法学和远洋渔业系统集成。渔业资源与渔场学研究方向将海洋遥感和地理信息系统等高新技术应用到传统的海洋渔业学科，建立我国水产高等院校中的第一个遥感地面接收站，成立了渔业遥感及信息研究中心，开展远洋渔业渔情预报、资源评估等方面的研究；渔具渔法学研究方向兼顾经济效益及资源可持续开发利用，开展生态型渔具渔法研究；远洋渔业系统集成研究方向，充分发挥学科优势，坚持产学研，为我国远洋渔业发展提供了重要的技术保障。同时，学科设有中国渔业协会远洋渔业分会属下的鱿鱼钓、金枪鱼和大型中层拖网等全国性行业技术组。

学科师资队伍结构合理、科研能力突出、研究成果丰富。现有教授11人，副教授5人。其中，享受国家政府津贴4人，国务院学位委员会学科评议组成员1名，国家级有突出贡献中青年专家1名，省部级有突出贡献中青年专家2名，农业部第七届科技委成员2名，教育部本科教学指导委员会成员1人，教育部新世纪优秀人才1人。上海市科委启明星1人，上海市教委曙光学者2人。近5年来，学科先后承担的科研项目共110多项，包括国家863、自然科学基金、农业部948项目和农业部公海渔业资源探捕等重大科技项目，总经费逾2100余万。先后获得国家级教学成果一等奖、二等奖，上海市教学成果特等奖、一等奖，国家级科技进步三等奖，农业部科技进步一等、二等奖，教育部科技进步二等奖，国家海洋局科技进步二等奖，上海市科技进步二等奖，上海市产学研工程一等奖等奖项10多项。

学科将继续发挥综合优势，加强基础理论研究，研发新技术和新方法，积极开辟新渔场、开发新资源。为促进我国海洋渔业产业结构的战略调整，减轻我国近海渔业资源的捕捞压力，实现环境友好型可持续渔业，做出积极贡献。

618　　　　　　　　　上 海 水 产 大 学 学 报　　　　　　　　　16卷

上海水产大学重点学科概况
——捕捞学学科

　　上海水产大学捕捞学学科创立于1912年。九十多年来，为我国海洋渔业生产、教育、科研和管理部门培养了大批优秀高级专业人才，也为学科发展打下坚实基础。学科科研力量雄厚，师资结构合理，具备解决我国海洋捕捞、渔业资源和海洋渔业管理等有关重大问题的能力。学科综合实力处于国内领先地位，部分研究领域科研能力也已达到国际同类学科先进水平。

　　学科于2000年获得博士学位授予权，成为全国水产院校中第一批具有博士学位授予资格的学科。2003年获水产学一级学科博士后科研流动站。1999年，学科被农业部批准为农业部重点学科。2000年和2005年分别被批准为上海市教委重点学科和上海市重点学科。

　　学科主要研究方向有渔业资源与渔场学、渔具渔法学和远洋渔业系统集成。渔业资源与渔场学研究方向将海洋遥感和地理信息系统等高新技术应用到传统的海洋渔业学科，建立我国水产高等院校中的第一个遥感地面接收站，成立了渔业遥感及信息研究中心，开展远洋渔业渔情预报、资源评估等方面的研究；渔具渔法学研究方向兼顾经济效益及资源可持续开发利用，开展生态型渔具渔法研究；远洋渔业系统集成研究方向，充分发挥学科优势，坚持产学研，为我国远洋渔业发展提供了重要的技术保障。同时，学科设有中国渔业协会远洋渔业分会属下的鱿鱼钓、金枪鱼和大型中层拖网等全国性行业技术组。

　　学科师资队伍结构合理、科研能力突出、研究成果丰富。现有教授11人，副教授5人。其中，享受国家政府津贴4人，国务院学位委员会学科评议组成员1名，国家级有突出贡献中青年专家1名，省部级有突出贡献中青年专家2名，农业部第七届科技委成员2名，教育部本科教学指导委员会成员1人，教育部新世纪优秀人才1人。上海市科委启明星1人，上海市教委曙光学者2人。近5年来，学科先后承担的科研项目共110多项，包括国家863、自然科学基金、农业部948项目和农业部公海渔业资源探捕等重大科技项目，总经费逾2 100余万。先后获得国家级教学成果一等奖、二等奖，上海市教学成果特等奖、一等奖，国家级科技进步三等奖，农业部科技进步一等、二等奖，教育部科技进步二等奖，国家海洋局科技进步二等奖，上海市科技进步二等奖，上海市产学研工程一等奖等奖项10多项。

　　学科将继续发挥综合优势，加强基础理论研究，研发新技术和新方法，积极开辟新渔场、开发新资源。为促进我国海洋渔业产业结构的战略调整，减轻我国近海渔业资源的捕捞压力，实现环境友好型可持续渔业，做出积极贡献。

《上海水产大学重点学科概况——捕捞学学科》，
《上海水产大学学报》2007年第16卷第6期（2007年11月）

《上海水产大学学报》2008 年第 17 卷第 5 期刊登文章《上海市精品课程——〈海洋渔业技术学〉》，对海洋渔业技术学课程进行介绍如下：

上海市精品课程
——《海洋渔业技术学》

课程介绍："海洋渔业技术学"是我国高等水产院校海洋渔业科学与技术专业必修的专业基础课，上世纪 50 年代中期以前，课程名称为"渔捞"，后曾改为"工业捕鱼技术"、"海洋捕捞学"，80 年代后期，课程名称调整为"渔具与渔法学"，1995 年之后课程名称开始采用"海洋渔业技术学"，沿用至今。该课程主要学习海洋渔业生产中拖网、围网、刺网、钓渔具以及其他类渔具的结构、特点、性能和渔法原理；渔具选择性的基本原理；人工鱼礁和网箱养殖的一般知识。

教学改革与研究成果：

1. 主持教育部面向二十一世纪教学改革项目——"高等农林院校水产类本科人才培养方案及教学内容与课程体系改革的研究与实践"；2001 年获国家教育成果二等奖，2000 年获上海市教育成果一等奖。

2. 主持教育部面向 21 世纪教育振兴行动计划——海洋渔业科学与技术复合型人才培养模式的改革与实践项目，2005 年完成项目验收。

3. 出版了与课程配套的 3 本教材和教学参考书：《渔具理论与设计学》,《渔具渔法选择性》和《渔具力学》。其中，《渔具力学》被评为上海市优秀教材。

本课程主要特色："海洋渔业技术学"是一门与渔业产业结合紧密，实践性、应用性很强的课程，是学校最具特色的专业基础课程。近几十年来随着国际上公海渔业资源的开发、可持续捕捞、负责任捕捞概念的提出，海洋渔业技术学在融合了传统渔具渔法学的基础上，增加了大洋性渔业资源开发利用，以资源保护为目的生态友好型渔具渔法，人工鱼礁及近海增养殖设施工程等重要内容，体现了学科的传统性与前沿性的有机融合。

以学生为中心，采用启发式和讨论式教学。在教学过程中，使用实物教学、模型演示、课堂讨论，学生自学和实践教学相结合的方式；注重使用 CAI 课件和多媒体技术等手段，已制作渔具装配工艺、渔具分类等教学课件和录制多部教学影像资料。

教学队伍：课程团队老中青相结合，5 位主讲教师中有 4 位教授和 1 位副教授。主讲教师的研究方向和专业特长涵盖海洋渔业技术学涉及的各研究领域，每位教师均具有远洋渔业生产或海上调查和科研经历。

课程负责人：孙满昌，教授，博士生导师。主要研究方向渔具设计、渔具渔法选择性、远洋渔业开发，发表论文 50 余篇，主编教材一部，参编教材多部。

主讲教师：孙满昌教授、张敏教授、许柳雄教授、宋利明教授、叶旭昌副教授

实习基地建设、实习指导：朱清澄教授

实验实习教学指导：邹晓荣副教授

教学辅导：钱卫国讲师、张健讲师

教材建设指导：乐美龙教授

学术顾问：周应祺教授

课程网址：http://jpkc.shou.edu.cn/hyyy/index.asp

640　　　　　　　　　　上 海 水 产 大 学 学 报　　　　　　　　　　17 卷

上海市精品课程——《海洋渔业技术学》

课程介绍:"海洋渔业技术学"是我国高等水产院校海洋渔业科学与技术专业必修的专业基础课,上世纪50年代中期以前,课程名称为"渔捞",后曾改为"工业捕鱼技术"、"海洋捕捞学",80年代后期,课程名称调整为"渔具与渔法学",1995年之后课程名称开始采用"海洋渔业技术学",沿用至今。该课程主要学习海洋渔业生产中拖网、围网、刺网、钓渔具以及其他类渔具的结构、特点、性能和渔法原理;渔具选择性的基本原理;人工鱼礁和网箱养殖的一般知识。

教学改革与研究成果:

1. 主持教育部面向二十一世纪教学改革项目--"高等农林院校水产类本科人才培养方案及教学内容与课程体系改革的研究与实践";2001年获国家教育成果二等奖,2000年获上海市教育成果一等奖。

2. 主持教育部面向21世纪教育振兴行动计划——海洋渔业科学与技术复合型人才培养模式的改革与实践项目,2005年完成项目验收。

3. 出版了与课程配套的3本教材和教学参考书:《渔具理论与设计学》,《渔具渔法选择性》和《渔具力学》。其中,《渔具力学》被评为上海市优秀教材。

本课程主要特色:"海洋渔业技术学"是一门与渔业产业结合紧密,实践性、应用性很强的课程,是学校最具特色的专业基础课程。近几十年来随着国际上公海渔业资源的开发、可持续捕捞、负责任捕捞概念的提出,海洋渔业技术学在融合了传统渔具渔法学的基础上,增加了大洋性渔业资源开发利用,以资源保护为目的生态友好型渔具渔法,人工鱼礁及近海增养殖设施工程等重要内容,体现了学科的传统性与前沿性的有机融合。

以学生为中心,采用启发式和讨论式教学。在教学过程中,使用实物教学、模型演示、课堂讨论,学生自学和实践教学相结合的方式;注重使用CAI课件和多媒体技术等手段,已制作渔具装配工艺、渔具分类等教学课件和录制多部教学影像资料。

教学队伍:课程团队老中青相结合,5位主讲教师中有4位教授和1位副教授。主讲教师的研究方向和专业特长涵盖海洋渔业技术学涉及的各研究领域,每位教师均具有远洋渔业生产或海上调查和科研经历。

课程负责人:孙满昌,教授,博士生导师。主要研究方向渔具设计、渔具渔法选择性、远洋渔业开发,发表论文50余篇,主编教材一部,参编教材多部。

主讲教师:孙满昌教授、张　敏教授、许柳雄教授、宋利明教授、叶旭昌副教授

实习基地建设、实习指导:朱清澄教授

实验实习教学指导:邹晓荣副教授

教学辅导:钱卫国讲师、张　健讲师

教材建设指导:乐美龙教授

学术顾问:周应祺教授

课程网址:http://jpkc.shou.edu.cn/hyyy/index.asp

《上海市精品课程——〈海洋渔业技术学〉》,

《上海水产大学学报》2008年第17卷第5期(2008年9月)

十六、主编首批统编教材

1961 年，水产部成立水产部高等学校教材编审委员会，工作组设在上海水产学院。

上海水产学院负责主编的高等水产院校工业捕鱼专业用教材有《渔具材料与工艺学》（上海科学技术出版社，1961 年）、《渔具材料与工艺学实验实习指导》（上海科学技术出版社，1961 年）、《渔具理论与捕鱼技术》（共三册）（农业出版社，1961 年）、《鱼群侦察技术》（农业出版社，1962 年），上海水产学院与山东海洋学院合编的《捕鱼机械与设备》（农业出版社，1961 年）等。

这是新中国成立后第一次有计划的水产类教材建设。

学校主编首批统编教材

学校主编首批统编教材

十七、师生开展科研实践活动

《上海水产学院》第 49 期、第 61 期、第 63 期,《上海水产大学》第 155 期、第 184 期分别对师生开展科研实践活动进行报道。具体如下:

(一)万能拖网经试验进一步获得成功

七月廿日早晨六时,工业捕鱼教研组的四位青年教师在水产号实习渔轮进一步实地实验了万能拖网,效果很好。

这次试验是在吴淞口外进行的,项目主要有:

1. 试验控制网口张开的扩张器的性能;

2. 试验任意调节拖网所在水层的升浮器的性能;

3. 试验万能拖网在舷拖渔轮上实际应用的可行性。

通过六小时的试验证明,结果完全合乎理想。已经肯定,扩张器可以代替原有的网板,并且比原网板轻便,在各水层中很稳定,同时还提高了效率。升浮器完全能够有效地控制网具在水中的深度。另外舷拖渔轮也可以应用万能拖网进行作业。

这次试验的成就,是在"七一"献礼的基础上,经过教师们的积极设计和改装,以及有关单位的大力支持下获得的。

现在,他们在党的领导下,正信心百倍地准备进一步设计、制造,并探讨、研究理论根据,争取在八月底进行实验性生产。

(林　西)

萬能拖網經試驗進一步獲得成功

七月廿日早晨六时，工業捕魚教研組的四位青年教师在水產号實習漁輪進一步實地實驗了萬能拖網，效果很好。

这次試驗是在吳淞口外進行的，項目主要有：

一、試驗控制網口張开的擴張器的性能；

二、試驗任意調節拖網所在水層的升浮器的性能；

三、試驗萬能拖網在舷拖漁輪上實際应用的可性。

通过六小时的試驗証明，結果完全合乎理想。已經肯定，擴張器可以代替原有的網板，並且比原網板輕便，在各水層中很穩定，同時还提高了效率。升浮器完全能够有效地控制網具在水中的深度。另外舷拖漁輪也可以应用萬能拖網進行作業。

这次試驗的成就，是在"七一"献礼的基础上，經过教师們的積極設計和改裝，以及有关單位的大力支持下獲得的。

現在，他們在党的領導下，正信心百倍地准备進一步設計、制造，並探討、研究理論根据，爭取在八月底進行試驗性生產。

（林　西）
1958.7 20.

圖：正在实地实验万能拖网。

《万能拖网经试验进一步获得成功》，《上海水产学院》第 49 期
（1958 年 8 月 20 日）

（二）立式起网机

这是一台机帆渔船上用的立式起网机，是我院海洋渔业系下放在舟山渔区的青年教师詹庆成、王云章等在最近试制成功的。它的特点：①利用渔船马达发动，装置轻便简单；起网速度快，可以增加网次，提高生（产）率20%以上。②减轻劳动强度三分之一以上。原来起网时要用十二个人一天到晚像推磨一样的推，劳动强度很大，而且很不安全，在大风和夜间作业则更加严重，因此大多数渔民经常患腰酸背痛病。利用立式起网机后只要用三四个人就行了，而且劳动强度大大减轻了，渔民反映："在一般渔船上做惯了，再到装有起网机的渔船上工作简直等于休息一样"，因此他们说他们爱护机器"像爱自己的父母一样"。③此外利用起网机还可以起蓬（篷），吊舢板（舨），起鱼货等重活，基本上可以使机帆渔船操作机械化。

这种起网机造价较便宜，约一千二百元左右，原材料简单，供应无困难，操作上适合渔民的习惯，因此很受渔民欢迎，今后舟山渔区准备大量推广。

图为教师和工人同志正在一起安装在本院勤工机器厂自己设计制造的立式起网机，准备运往舟山投入生产。

（陈叔文摄）

立式起網机

这是一台机帆渔船上用的立式起網机,是我院海洋渔业系下放在舟山渔区的青年教师詹庆成、王云章等在最近试制成功的。它的特點:①利用渔船馬达发动,裝置輕便簡单;起網速度快,可以增加網次,提高生率20%以上。②减輕劳动强度三分之一以上。原来起網时要用十二个人一天到晚象推磨一样的推,劳动强度很大,而且很不安全,在大风和夜間作业则更加严重,因此大多数渔民輕常患腰酸背痛病。利用立式起網机后只要用三四个人就行了,而且劳动强度大大减輕了,渔民反映:"在一般渔船上做慣了,再到装有起網机的渔船上工作简直等于休息一样,"因此他們说他們爱護机器"象爱自己的父母一样"。③此外利用起網机还可以起蓬,吊舢板,起魚貨等重活,基本上可以使机帆渔船操作机械化。

这种起網机造价較便宜,約一千二百元左右,原材料簡单,供应无困难,操作上适合渔民的习惯,因此很受渔民欢迎,今后舟山渔区准备大量推廣。

图为教师和工人同志正在一起安装在本院勤工机器厂自己設計制造的立式起網机,准备运往舟山投入生产。

(陈叔文攝)

（三）深入现场调查设计

解决淡水捕捞

　　去年我国水产事业在总路线的鼓舞下，采取以养为主的方针，使水产总产量史无前例地跃进了一倍。在此同时也出现了一个新问题，即放养在水库和大水域中的鱼类如何大规模的捕捞问题。过去都是个体生产，原有生产工具已经不能适应于当前大规模生产的需要了。根据水产事业发展的方针和当前生产的需要，工业捕鱼专业的培养目标，不单纯是海水捕捞，应该包括淡水捕捞。但是淡水捕捞是一个新的问题，过去可说是一张白纸，毫无基础。对此，我系根据从实践中来的原则，以青浦淀山湖为试点，由师生六人成立小组负责进行调查，通过科学研究和劳动实践的办法来解决淡水捕捞的师资和教材问题。

　　从去年十一月开始，首先为青浦国营水产养殖场进行大水域捕捞网具的设计，帮助公社染网、装配、试捕等全部工作。师生边学习、边劳动，经过二十天的苦战，帮助公社完成了二千公尺长的大网，在第一次试捕中，一网捕获鲜鱼七千斤，情绪大受鼓舞，从此信心更大了。

　　十二月开始协助青浦解放人民公社在淀山湖试验机轮捕鱼。根据淀山湖的水深、底质和冬季的鱼类习性，经过一个多月的多次试验结果，基本上肯定一种围网形式的网具捕捞较为有效。接着又协助解放人民公社展开大闹技术革命的运动。现在对青浦县的渔具调查工作已经结束，并已做出总结。

　　为了使工作更加全面和切合实际，在以上工作的同时又前往太湖、洪泽湖和江西佛子岭水库，一边参加生产劳动，一边进行捕捞工具、捕捞方法、水域环境和鱼类习性等调查研究，和经验总结，获得了丰富的资料。

　　目前淡水捕捞研究的第一阶段工作已经结束，现正在全面进行总结和编写一本约十万字左右的淡水捕捞讲义，向"五一"节献礼。同时根据调查将汇集各地的群众经验，为青浦淀山湖提出用机轮生产的网具方案，供青浦解放人民公社参考。

该组第二阶段的工作，将根据水库养鱼的特点，进行水库声、光、电捕捞方法的试验研究。

（张荫乔、蔡和麟）

《深入现场调查设计　解决淡水捕捞》，《上海水产学院》
第 61 期（1959 年 3 月 22 日）

（四）全国沿海渔船渔具调查研究工作

第一阶段已告成完

"全国沿海渔船、渔具研究"是国家科学规划第四十八项四千八百十六个题目之一。它的目的是通过全国沿海渔船、渔具的普查，全面总结先进经验，改造落后工具，对渔船、渔具进行定型、改型，更快更好地发展我国的渔业生产事业。

"全国沿海渔船、渔具调查研究"课题由上海水产研究所和黄海水产研究所共同负责的，各省、市水产厅、局及水产研究所，一机部九局等单位共同协作。浙江沿海渔船、渔具调查是在浙江省水产厅的领导下，由中国科学院上海水产研究所共同负责进行。我院部分教师及海洋渔业系三年级同学共三十三人参加了这项工作，第一机械工业部九局第二产品设计室也派员进行了渔船测绘的技术指导。

调查工作自五八年十二月开始，在各级党、政领导的积极支持下，在广大渔民群众、船厂职工的热心帮助下，通过了三个多月的努力，走遍了浙江沿海各主要渔业地区，克服了种种困难，进行了六十多种渔帆船的调查及测绘，五九年二月才基本结束了室外工作，以后在上海转入各种渔船测绘资料的整理及描图等工作。由于图纸多，工作量很大，整理、描图人员较少，我院又第二次支援了一部分教工参加了工作。在党、政领导的积极支持与鼓舞下，工作人员鼓足干劲，在"五一"节前夕，完成了浙江渔船、图谱的全部工作。

我国木帆渔船的建造工艺过程，大都是在没有图纸的情况下，凭借造船工匠各自的经验数据进行的。长期以来，对木帆渔船很少进行过探讨性的研究；许多在造船工艺、操作技术上有价值的宝贵经验，不能被广泛地采用；许多不完善、不合理的部分也被长期沿袭下来。事实上，这是由于缺乏足够的资料和图纸作为依据的结果。为了使祖国的宝贵渔船资料能收集整理并且加以改进，我们对浙江省的木帆船，进行了实地测量、绘制船图和调查。通过调查，证明沿海渔民有着丰富的捕鱼经验及优良的渔船、渔具。今后进一步加以提高，对生产将会起着很大的作用。同时亦看到了一部分比较落后的操作方法和工具。因此，今后深入研究的工作必须迅速开展。

（黄锡昌）

《全国沿海渔船渔具调查研究工作第一阶段已告成完》，
《上海水产学院》第 65 期（1959 年 5 月 14 日）

（五）我校实习渔轮"浦苓"号首航日本海

灯光诱钓柔鱼试捕成功

我校受中国水产联合总公司的委托，根据中苏渔业协定的规定，于今年 7 月 25 日至 8 月 21 日派出实习渔轮"浦苓"号首航日本海的苏联专管渔业水域，从事调查和灯光诱钓柔鱼试捕工作。其目的是探索渔场分布，摸清资源状况，掌握渔具渔法以及获得保鲜等问题，并收集有关柔鱼钓渔业资料，为今后组织生产提供先决条件。该轮经过灯光诱钓柔鱼试捕已获得成功。

柔鱼俗称鱿鱼，属于头足类的软体动物是一种高档水产品。远征日本海又利用电控自动复钓柔鱼钓机进行试钓，在我国海洋捕捞业还是第一次。我校党政领导十分重视这次调查试捕工作，组成了由船员、教师和研究生共 20 人的队伍。在教师中包括有渔业资源、捕捞技术、电子机械、航海等九位正付（副）教授和讲师及 1 名研究生。并专门召开了动员大会。乐校长在动员大会上指出："这是我校与总公司之间在远洋渔业问题上合作的进一步发展，也是我国首次从事灯光诱钓柔鱼试验，为今后我国开发国际头足类资源具有十分重要意义。"在"浦苓"号启航前及航行途中，又多次指示：确保安全，抓紧试捕，调查柔鱼渔场的资源状况，为今后正式投产提供依据。全队成员根据领导指示，经过 29 天的艰苦奋斗，团结协作，克服种种困难，终于胜利完成了任务。

8 月 23 日下午学校召开了"浦苓"号试钓柔鱼汇报大会。会议由校长乐美龙主持，并代表党政领导向胜利完成调查和试捕任务的全体同志表示亲切慰问和热烈的祝贺。会上首先播放了"浦苓"号试钓柔鱼的实况录像，然后由船长陈新法全面汇报了此次试捕情况。他说："我们是从 8 月 1 日开始试捕的，在大彼德（得）湾外海渔场进行了探索，连续作业 16 个夜间，共计渔获物为 6000 公斤，试钓范围达 4275 平方海里。……通过调查和试捕，初步了解日本海大彼得湾外海渔场的柔鱼资源状况，掌握了灯光诱钓柔鱼技术，在钓捕设备、光诱技术等方面摸索了不少经验。"领队教师王尧耕教授作了非常具体生动的调查汇报介绍后，着重指出："这次试钓获得成功，对突破我国海洋捕捞业偏重了拖网作业，闯出了新作业方式的路子，又为开发和利用世界新渔场，进一步发展远洋渔业，创造了更有利的条件。五年来，我国远洋渔业发展取得良好的开端，可是对于远海和大洋中富饶的头足类资源尚未充分利用。因此我们的远洋渔业应开展各种作业，开辟更广泛的途径。"任为公、倪文广、胡文伟等副教授在会上也相继发了言，谈了自己体会，并对今后进一步开发远洋渔业提出了不少有益建议，受到总公司领导和校领导的重视。

中国水产总公司总经理张延喜同志听取了汇报并讲了话，他认为"浦苓"号的试捕任务完成得好，为今后利用柔鱼资源创造了条件。参加试捕活动的教师，通过这次活动，受了鼓舞，他们正在为今后开发柔鱼生产研究可行的方案。

（宣）

我校实习渔轮《浦苓》号首航日本海

灯光诱钓柔鱼试捕成功

我校受中国水产联合总公司的委托，根据中苏渔业协定的规定，于今年7月25日至8月21日派出实习渔轮《浦苓》号首航日本海的苏联专管渔业水域，从事调查和灯光诱钓柔鱼试捕工作。其目的是探索渔场分布，摸清资源状况，掌握渔具渔法以及获得保鲜等问题，并收集有关柔鱼钓鱼业资料，为今后组织生产提供先决条件。该轮经过灯光诱钓柔鱼试捕已获得成功。

柔鱼俗称鱿鱼，属于头足类的软体动物是一种高档水产品。远征日本海又利用电控自动复钩柔鱼钓机进行试钓，在我国海洋捕捞业还是第一次。我校党政领导十分重视这次调查试捕工作，组成了由船员、教师和研究生共20人的队伍。在教师中包括有渔业资源、捕捞技术、电子机械、航海等九位正付教授和讲师及1名研究生。并专门召开了动员大会。乐校长在动员大会上指出："这是我校与总公司之间在远洋渔业问题上合作的进一步发展，也是我国首次从事灯光诱钓柔鱼试验，为今后我国开发国际头足类资源具有十分重要意义。"在"浦苓"号启航前及航行途中，又多次指示：确保安全，抓急试捕，调查柔鱼渔场的资源状况，为今后正式投产提供依据。全队成员根据领导指示，经过29天的艰苦奋斗，团结协作，克服种种困难，终于胜利完成了任务。"浦苓"号已于8月21日凯旋而归。

8月23日下午，学校召开了"浦苓"号试钓柔鱼汇报大会。会议由校长乐美龙主持，并代表党政领导向胜利完成调查和试捕任务的全体同志表示亲切慰问和热烈的祝贺。会上首先播放了"浦苓"号试钓柔鱼的实况录像，然后由船长陈新法全面汇报了此次试捕情况。他说："我们是从8月1日开始试捕的，在大彼德湾外海渔场进行了探索，连续作业16个夜间，共计渔获量为6000公斤，试钓范围达4275平方海里。……通过调查和试捕，初步了解日本海大彼得湾外海渔场的柔鱼资源状况，掌握了灯光诱钓柔鱼技术，在钓捕设备、光诱技术等方面摸索了不少经验。"领队教师王尧耕教授作了非常具体生动的调查汇报介绍后，着重指出："这次试钓获得成功，对突破我国海洋捕捞业偏重了拖网作业，闯出了新作业方式的路子，又为开发和利用世界新渔场，进一步发展远洋渔业，创造了更有利的条件。五年来，我国远洋渔业发展取得良好的开端，可是对于远海和大洋中富绕的头足类资源尚未充分利用。因此我们的远洋渔业应开展各种作业，开辟更广泛的途径。"任为公、倪文广、胡文伟等副教授在会上也相继发了言，谈了自己体会，并对今后进一步开发远洋渔业提出了不少有益建议，受到总公司领导和校领导的重视。

中口水产总公司总经理张延喜同志听取了汇报并讲了话，他认为"浦苓"号的试捕任务完成得好，为今后利用柔鱼资源，创造了条件。参加试捕活动的教师，通过这次活动，受了鼓舞，他们正在为今后开发柔鱼生产，研究可行的方案。

（宣）

（六）日本沼虾池塘拉网捕捞技术通过鉴定

根据上海市郊区池塘养虾生产的发展需要，养殖系钟为国副教授等从 1989 年起，与东风农场协作承担了上海市农委下达的"日本沼虾池塘捕捞技术研究"课题。通过对日本沼虾（青虾）习性的观察和对传统虾渔具性能的对比筛选，研制成一种新型池塘虾拉网及其渔法，经在生产中应用取得了良好的效果。这项成果已由上海市农委组织、市农场局主持于 3 月 27 日通过鉴定，专家评价属国内领先水平。

这种新型虾拉网，根据日本沼虾在池塘中的生活习性，采用矮翼网、双层囊网、链条下纲和方形网目等结构。网总长27.23 米，两端高 1.06 米；翼网高 1.0 ~ 1.5 米，每边成纲拉力仅 15 ~ 20 公斤；下纲沉力每边约 150 克。具有贴底刮虾性能好、阻力小、重量轻、操作简便等优点。经在东风农场水产养殖场进行实际生产应用证明，它有以下良好性能：

1. 起捕率高：平均为 85% 左右，最高达 90% 以上；

2. 起捕虾成活率高：可达 95% 左右；

3. 捕大留小性能好，幼虾率在 7% 以下；

4. 增产效果明显：及时捕大留小，有利小虾生长，产量可提高 25% 以上；

5. 节省劳力显著：一般只需 4 人操作，与干塘捕捞相比，劳力节省 60% 左右，作业时间缩短三分之二。

这种虾拉网只要改变网目大小和结构尺寸，也可用于捕捞罗氏沼虾及鲤、鲫、罗非鱼等底层鱼类。

（毛震华）

日本沼虾池塘拉网捕捞技术通过鉴定

根据上海市郊区池塘养虾生产的发展需要，养殖系钟为国副教授等从1989年起，与东风农场协作承担了上海市农委下达的"日本沼虾池塘捕捞技术研究"课题。通过对日本沼虾（青虾）习性的观察和对传统虾渔具性能的对比筛选，研制成一种新型池塘虾拉网及其渔法，经在生产中应用取得了良好的效果。这项成果已由上海市农委组织、市农场局主持于3月27日通过鉴定，专家评价属国内领先水平。

这种新型虾拉网，根据日本沼虾在池塘中的生活习性，采用矮翼网、双层囊网、链条下纲和方形网目等结构。网总长27.23米，两端高1.06米；翼网高1.0～1.5米，每边成纲拉力仅15～20公斤；下纲沉力每边约150克。具有贴底刮虾性能好、阻力小、重量轻、操作简便等优点。经在东风农场水产养殖进行实际生产应用证明，它有以下良好性能：

1. 起捕率高：平均为85%左右，最高达90%以上；

2. 起捕虾成活率高：可达95%左右；

3. 捕大留小性能好，幼虾率在7%以下；

4. 增产效果明显：及时捕大留小，有利小虾生长，产量可提高25%以上；

5. 节省劳力显著：一般只需4人操作，与干塘捕捞相比，劳力节省60%左右，作业时间缩短三分之二。

这种虾拉网只要改变网目大小和结构尺寸，也可用于捕捞罗氏沼虾及鲤、鲫、罗非鱼等底层鱼类。

（毛震华）

《日本沼虾池塘拉网捕捞技术通过鉴定》，
《上海水产大学》第184期（1992年5月12日）

学校馆藏档案中还保存有师生开展科研活动部分照片如下：

学生在教师指导下进行渔具材料拉力试验

教师黄锡昌向学生讲解如何设计万能拖网

工业捕鱼四年级学生在测定网片阻力

海洋渔业系开展学术研讨

万能拖网模拟试验

十八、参加联合国海洋法会议及政府间渔业协定谈判

　　中国恢复在联合国的合法地位后，从 1973 年起，学校派出教师参加第三次联合国海洋法会议，讨论《联合国海洋法公约》。此后，又派出教师参加中日、中朝、中越、中韩政府间签订渔业协定的谈判工作，照片如下：

学校代表乐美龙（右一）出席中日渔业协定议定书签字仪式

十九、恢复高考后首次招收的海洋捕捞专业本科生

　　1977 年 9 月，全国恢复高考制度。1978 年春，恢复高考后学校首次招收的海洋捕捞专业 33 名本科生入学，并于 1982 年春毕业。毕业后，这批学生大多成为高级水产科技人才，有的还担任领导职务，如中国水产科学研究院东海水产研究所所长、研究员陈雪忠，农业部东海区渔政局副局长、高级工程师张秋华，中国水产总公司副总经理周杰，中国渔政指挥中心副主任彭晓华，全国水产技术推广总站副站长李可心，上海海洋大学副校长、二级教授黄硕琳等。学校馆藏档案中记载的 33 名本科生名单如下：

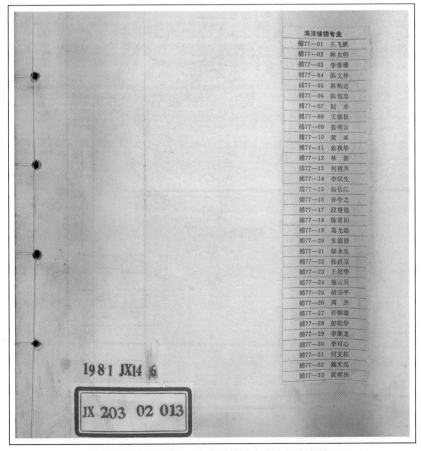

海洋捕捞专业	
捕77—01	王飞跃
捕77—02	林太明
捕77—03	李善珊
捕77—04	陈文梓
捕77—05	陈勉达
捕77—06	陈雪忠
捕77—07	陆 赤
捕77—08	王维权
捕77—09	张明云
捕77—10	黄 斌
捕77—11	张秋华
捕77—12	林 淮
捕77—13	何树英
捕77—14	李汉生
捕77—15	杨长江
捕77—16	孙中之
捕77—17	段登选
捕77—18	陈常柏
捕77—19	葛允聪
捕77—20	朱清澄
捕77—21	胡永生
捕77—22	张洪宝
捕77—23	王绪华
捕77—24	施云兵
捕77—25	胡岱平
捕77—26	周 杰
捕77—27	许柳雄
捕77—28	彭晓华
捕77—29	李隆龙
捕77—30	李可心
捕77—31	付文栋
捕77—32	戴天元
捕77—33	黄硕林

1981 JX14 6

JX 203 02 013

1978 年春入学的 33 名海洋捕捞专业本科生名单

二十、利用世界银行农业教育贷款项目推进学科建设

　　自 1984 年起，在国家农委统一安排下，学校先后获得两期世界银行农业教育贷款项目，更新海洋捕捞专业设施，如从英国引进全套捕捞航海模拟设备，建立捕捞航海模拟实验室；从日本等国引进渔具材料性能测试仪器，建立渔具材料实验室，引进实船测试仪器和海洋测试仪器等。

　　学校利用世界银行贷款资助，选派教师出国学习、进修及考察等。其中，选派出国的捕捞学教师有：王克忠、黄硕琳、许柳雄、陆赤、崔建章、周应祺、任为公等。回国的教师大部分成为海洋捕捞专业的骨干教师和学科带头人，在学科建设和学校发展中发挥重要作用。

《捕捞航海模拟训练器操作手册》(英文版)

二十一、科研获奖拾遗

捕捞学学科多次承担国家攻关和农业部、上海市等的海洋渔业科研项目，多次获得国家级、省部级等科研奖励。学校档案馆馆藏获奖情况（部分）如下：

（一）项目名称：渔具材料基本名词术语

完成单位：上海水产学院，大连水产学院

获奖情况：1985 年 12 月国家标准局国家标准科技成果四等奖

（二）项目名称：22×175.8 米 /2930 目虾、蟹桁拖网

　　　　完成单位：上海水产学院，上海市郊区渔业指挥部

　　　　获奖情况：1986 年 2 月（1985 年度）上海市科学技术进步

　　　　　　　　　奖三等奖

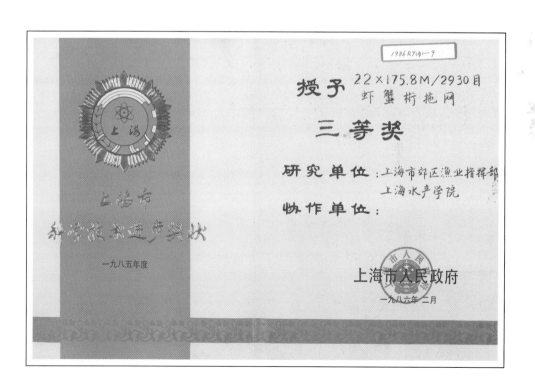

（三）项目名称：湖泊围栏区捕捞技术的研究

完成单位：上海水产大学

获奖情况：1990 年 12 月中国水产科学研究院科技成果奖二

等奖

（四）项目名称：中国进一步发展远洋渔业对策研究

　　　　完成单位：农业部水产司调查研究室，上海水产大学等 8 家

　　　　　　　　　单位

　　　　获奖情况：1993 年 9 月农业部科学技术进步奖三等奖

（五）项目名称：日本海柔鱼钓渔场调查和钓捕技术研究

完成单位：上海水产大学

获奖情况：1993 年 9 月获农业部科学技术进步奖一等奖

1995 年 12 月获国家科技进步奖三等奖

为表彰在农业科学技术进步工作中作出显著成绩者，特授予部级科学技术进步奖壹等奖。

受奖项目：日本海柔鱼钓渔场调查和钓捕技术研究

受奖单位：上海水产大学

编号：93726

中华人民共和国农业部

一九九三年

证　书

获奖项目：日本海柔鱼钓渔场调查和钓捕技术
　　　　　研究

获奖单位：上海水产大学

奖励等级：三等奖

奖励日期：一九九五年十二月

证　书　号：13-3-035-01

国家科学技术委员会
　　年　月　日

（六）项目名称：北太平洋柔鱼资源开发和捕捞技术及其装备的
研究
完成单位：上海水产大学
获奖情况：1997 年 3 月上海市优秀产学研工程项目一等奖
1997 年 11 月农业部科学技术进步奖二等奖

为表彰在农业科学技术进步工作中作出显著成绩者，特授予部级科学技术进步奖二等奖。

受奖项目：北太平洋柔鱼资源开发和捕捞技术及其装备的研究

受奖单位：上海水产大学

编号：1997-00145

中华人民共和国农业部

一九九七年十二月十五日

（七）项目名称：鱿钓水下灯装置的应用

　　　　完成单位：上海水产大学

　　　　获奖情况：2001 年 12 月上海市优秀产学研工程项目一等奖

（八）项目名称：公海重要经济渔业资源开发研究

完成单位：上海水产大学

获奖情况：2008 年 1 月教育部科学技术进步奖二等奖

二十二、师生赴西非远洋渔业生产第一线

1985 年，中国远洋渔业开始起步，学校捕捞学科紧紧围绕国家远洋渔业发展战略，从近海走向远洋，开展科学研究和海洋渔业专业教学改革，走产学研相结合的道路。

1985 年 3 月 10 日，由中国水产总公司组建的中国第一支远洋渔业船队从福建马尾港出航，开赴西非，拉开了中国远洋渔业发展的序幕。学校与中国水产总公司商定，派出捕捞学教师季星辉教授随中国第一支远洋渔业船队赴西非渔业生产第一线，探索一条教学、科研与生产实践相结合的道路。在西非期间，季星辉教授随船出海指导生产，研发了双支架拖虾网作业方式，大幅度提高了渔获量，使企业扭亏为盈，得到推广应用，进一步丰富了渔具学、渔法学的研究内容。

作家霍达的长篇报告文学《海魂》（1995 年 2 月，北京十月文艺出版社出版）对此进行如下描述：

情留西非

（节录）

在万米高空，一架波音 747 客机穿过云层，向西飞去……

舷窗边，一位年过半百的老知识分子动情地望着窗外的蓝天白云，喃喃地对坐在旁边的夫人和儿子说："快到巴黎了，离拉斯帕耳马斯不远了！"

这就是上海水产大学渔业学院教授季星辉。他此番远赴西非，已经是第三次了。

早在 1985 年 3 月 10 日，中国第一支远洋渔业船队从马尾港出发之时，甲板上就有季星辉的身影。他应中水之邀，受上海水大派遣，随同船队前往大西洋，探索一条教学、科研与生产实践相结合的道路。

经过 62 天的海上航程，季星辉来到几内亚比绍。身为大学教

师，他在船上却只是一名普通船员，以50多岁的年纪，和那些小伙子一样从事艰辛的海上捕捞。与众不同的是，他在劳动的同时还时时观察着陌生的海域，详细记录着大西洋的气象、海况、底质、潮汐和各国远洋渔船的捕捞情况，苦苦地寻找夺取高产的门径。他为船队的出师不利而忧心忡忡，也为每一次点滴收获和小小的新发现而欣喜若狂。在总公司和代表处领导的支持下，他对船队的渔具、渔法进行了大胆的技术改造，使几内亚比绍代表处实现了扭亏为盈。一年多的高强度体力劳动和夜以继日的苦思冥想，严重摧残了他的健康，患上了糖尿病尚不自知，只是感到饭量猛增、渴饮无度、小便频繁、疲乏不堪。在体力已经不能胜任海上作业的情况下，他仍然没有休息，在岸上为船队做网，并且奉命前往阿根廷考察渔业状况、经销鱼货……

作家霍达的长篇报告文学《海魂》封面（1995年2月，北京十月文艺出版社出版）

情留西非

在万米高空，一架波音 747 客机穿过云层，向西飞去……

舷窗边，一位年过半百的老知识分子动情地望着窗外的蓝天白云，喃喃地对坐在旁边的夫人和儿子说："快到巴黎了，离拉斯帕耳马斯不远了！"

这就是上海水产大学渔业学院教授季星辉。他此番远赴西非，已经是第三次了。

早在 1985 年 3 月 10 日，中国第一支远洋渔业船队从马尾港出发之时，甲板上就有季星辉的身影。他应中水之邀，受上海水大派遣，随同船队前往大西洋，探索一条教学、科研与生产实践相结合的道路。

经过 62 天的海上航程，季星辉来到几内亚比绍。身为大学教师，他在船上却只是一名普通船员，以 50 多岁的年纪，和那些小伙子一样从事艰辛的海上捕捞。与众不同的是，他在劳动的同时还时时观察着陌生的海域，详细记录着大西洋的气象、海况、底质、潮汐和各国远洋渔船的捕捞情况，苦苦地寻找夺取高产的门径。他为船队的出师不利而忧心忡忡，也为每一次点滴收获和小小的新发现而欣喜若狂。在总公司和代表处领导的支持下，他对船队的渔具、渔法进行了大胆的技术改造，使几内亚比绍代表处实现了扭亏为盈。一年多的高强度体力劳动和夜以继日的苦思冥想，严重摧残了他的健康，患上了糖尿病尚不自知，只是感到饭量猛增、渴饮无度、小便频繁、疲乏不堪。在体力已经不能胜任海上作业的情况下，他仍然没有休息，在岸上为船队做网，并且奉命前往阿根廷考察渔业状况、经销鱼货。直到 1987 年 3 月 31 日，才因心力交瘁，难以支持，不得不回国治疗。

然而，在回国后治病、教学的日子里，他的心仍然时时牵挂

《情留西非》，《海魂》第 322 页（1995 年 2 月，
北京十月文艺出版社出版）

　　1986年，为了适应国家远洋渔业发展需要，培养远洋渔业海上骨干，使海洋捕捞专业毕业生具备立足海上，掌握较强海上技能，献身远洋渔业事业的精神，学校与中国水产总公司签订第一个远洋渔业人才培训与使用合同，开展"产学合作"教育。每年派遣海洋渔业专业师生到西非等海域远洋渔业生产第一线，从事远洋渔业实习和技术服务。

　　《上海水产大学》1987年4月8日第138期、1988年3月26日第143期、12月30日第149期进行了如下报道：

一、为发展祖国远洋渔业奉献青春
——捕83班杨建明同学在欢送会上的发言

亲爱的领导、老师和同学们：

　　你们好！

　　我作为捕83班12位去西非同学的代表，在即将离开母校之际，向在座的欢送我们的领导、老师、同学们致谢，也向那些因工作、学习而没有来参加这次会的老师、同学们致谢。

　　四年大学如白驹过隙，转眼之间就将成为过去，不久，我们就要和在座的领导、老师、同学们分别了，我们都（说）不出此时心中的激动。四年，在人的一生中不过是短短的一瞬间，然而这四年我们却生活得那么充实，那么有意义，在这里有领导的关怀，老师的教诲，同学们的帮助和支持，而现在我们就要带着你们的教诲，前往异国他乡为发展我国的远洋渔业而工作。离开母校这个温暖的家庭，我们真有些难舍难分，同时也有些胆怯，因为我们的知识还远远不够，我们的工作经验还一点没有，在此希望各位领导、老师、同学们能经常去信给我们教导，共同为我国的水产事业努力。

　　这次我们能有如此好的机会，在毕业之前就去国外实习、工作，是领导对我们的信任和关怀，同时也是对我们的一次严峻考验，我们决不会辜负领导对我们的殷切期望，珍惜这次机会，在那里努力学习、工作。西非可能并不象（像）想象中的那么完美，但我们已经作了充分的准备，我们有战胜困难的力量。两年半后，请领导、老师和同学们看我们的战果吧！我们将成为高飞的海燕，翱翔在世界的海洋上。

◇为发展祖国的远洋渔业奉献青春◇
——捕83班杨建明同学在欢送会上的发言

亲爱的领导、老师和同学们：你们好！我作为捕83班12位去西非同学的代表，在即将离开母校之际，向在座的欢送我们的领导、老师、同学们致谢，也向那些因工作、学习而没有来参加这次会的老师、同学们致谢。

不久，我们就要和在座的领导、同学们分别了，我们都不出此时心中的激动不已。四年，在人的一生中不过是短短的一瞬间，然而这四年我们却生活得那么充实，那么有意义。在这里有领导的教海、老师的帮助和支持，而现在我们就要带着你们的教导和关怀，前往异国他乡为发展我国的远洋渔业而工作。离开母校这个温暖的家庭，我们真有些胆怯，同时也有些难分难舍。因为，我们的知识还远远不够，我们的经验还一点也没有，在此我们希望各位领导、老师同学们能经常去信给我们教导、共勉，为我国的水产事业努力。

这次我们能有如此好的机会，去国外实习工作，是领导对我们的信任和关怀，同时也是对我们的一次严峻考验，我们决不会辜负领导对我们的殷切期望，珍惜这次好的机会，在那里努力学习、工作。两年半后，能并不象想象中的那么完美，我们有战胜困难的力量。西非可能经作了充分的准备，但我们已师和同学们，请领导、老师和同学们放心吧！我们将成为高飞的海燕，翱翔在世

《为发展祖国的远洋渔业奉献青春》,《上海水产大学》第138期（1987年4月8日）

二、乐美龙校长给首批赴西非师生的信

段润田老师并转赴西非 83 级各位校友：

趁崔建章老师赴西非，请求他代表校党政各级领导，向你及各位校友致以亲切的慰问和崇高的敬意！

你们远离祖国、母校和亲人，为发展祖国的远洋渔业，为争得学校的荣誉，作出了贡献！你们的艰苦创业，坚守海上岗位，虚心学习、钻研业务等都为驻西非的各级领导所赞扬！农牧渔业部何康部长、刘江副部长、水产局涂逢俊局长并在今年一月的全国水产工作会议上多次赞扬在总公司的支持下，我校同学和老师闯远洋的精神，充分肯定了我们的工作。由于你们走出了路子，闯出了牌子，赢得了总公司和部局领导的信任，这才有可能使 84 级十位同学在崔老师的带领下前赴西非。为此，我们应该向你们表示由衷的谢意！为了使我校海洋渔业专业办出特色，让今后各届同学能驾船在世界各大洋从事远洋渔业，我们热烈欢迎校友们提出宝贵意见和信息。期望着你们在段老师的帮助下，各级领导的支持下，在各自岗位上建功立绩，并对这次来西非的新伙伴给以关照！

专此，致以

敬礼！

上海水产大学校长乐美龙

1988 年 3 月 14 日

乐校长给首批赴西非师生的信

段润田老师并转赴西非83级各位校友：

趁崔建章老师赴西非，请求他代表校党政各级领导，向你及各位校友致以亲切的慰问和崇高的敬意！

你们远离祖国、母校和亲人，为发展祖国的远洋渔业，为争得学校的声誉，作出了贡献！你们的艰苦创业，坚守海上岗位，虚心学习、钻研业务等都为驻西非的各级领导所赞扬！农牧渔业部何康部长、刘江副部长、水产局涂逢俊局长并在今年一月的全国水产工作会议上多次赞扬在总公司的支持下，我校同学和老师闯远洋的精神，充分肯定了我们的工作。由于你们走出了路子，闯出了牌子，赢得了总公司和部局领导的信任，这才有可能使84级十位同学在崔老师的带领下前赴西非。为此，我们应该向你们表示由衷的谢意！为了使我校海洋渔业专业办出特色，让今后各届同学能驾船在世界各大洋从事远洋渔业，我们热烈欢迎校友们提出宝贵意见和信息。期望着你们在段老师的帮助下，各级领导的支持下，在各自岗位上建功立绩，并对这次来非西的新伙伴给以关照！

专此，致以

敬礼！

上海水产大学校长　乐美龙

1988年3月14日

《乐校长给首批赴西非师生的信》，《上海水产大学》
第143期（1988年3月26日）

三、来自西非海岸的报告

自从 1985 年 3 月，中国第一支赴西非远洋船队开出以来，中国水产联合总公司属下各公司又接连地开出了第二支、第三支、第四支赴西非的远洋作业船队，再加上各省市所属渔业公司也分别开出了赴西非的船队。这样，中国的远洋作业船队已遍布于大西洋的西非海岸，北起摩洛哥，南至加蓬作业渔区，跨纬 40 多度。

这里的鱼类种别比较多，不下于二十多种，主要的有：方头、尖嘴、带鱼、胡子鲇、海鳗、舌鳗、兰圆鲹、花鲳、鸡笼鲳、鲨鱼、乌鱼，还有对虾、鹰爪虾和梭子蟹。对各种鱼的加工规格更是严密，略有不慎，便有销售不出去的可能。那只能作为废物，做亏本生意了。刚开始，我们的产品只销于拉斯帕尔马斯和达喀尔。随着船队的壮大，和捕鱼经验的不断丰富，产品大大增加，销路也不断壮大。从去年以来，我们又开辟了喀麦隆、象牙海岸、西班牙和意大利的鱼市场。这样，从经济效益来看，也是相当可观的。

以（19）85 年、（19）86 年、（19）87 年而言，第一年基本上不盈不亏，第二年盈利 58 万美元，第三年利润 100 万美元，计划（19）88 年的利润达 120 万美元。从今年的形势看，很有可能突破 120 万美元大关。

至于我们的工作和生活情况如何？这是我们的师生一定很关心的，这里也作点汇报。由于各渔区的经营方式不同和其他条件的限制，情况有所不同。合资公司与各省市所属公司的船队，它们的产品销售和船上供给一般由本船负责，因此他们上岸的机会是较多的，基本上二十来天可到一次港，与外界接触较多。而我们独资的中国水产联合总公司属下，其产品的销售与船上供给包括各种来往信件，均由运输船负责，所以我们上岸的机会是很少的。在不发生意外情况下，我们一年只有一次十来天的上岸修船机会，而且其间的任务也是较重的。海上的工作倒是很有节奏的，上网→下网→拣鱼→装盘→加工，每天有五、六个这样的重复，业余时间不多，但很自由，各干各的事，写信、看书、看录像、打扑克、下棋。有时通过对讲机，船与船之间进行新闻聊天。这样就填补了船上精神生活的枯燥乏味。不过船上的物质生活是绝对富裕的，吃、喝、抽、样样俱全，蔬菜供应也很充足。这里的个人经济效益同样很可观，各公司的船员几乎都是通过"争取"而来。

在这里工作的各船均有外籍船员。我们的同学既作船长、大副们的业余顾问，也作船上的翻译。在这里发挥了相当大的作用，不失为我们捕捞大学生的良好实习基地。自我们捕83的同学来这里后，工作成绩较为显著，受到总公司以下各级领导的好评和赞扬，这为母校争得了荣誉，我们感到无上荣光。为发展祖国的远洋渔业事业，最后，以我们几年来的亲身体验，敬请各位捕捞专业的新同学认真学习，刻苦钻研，掌握现代化远洋捕捞的科学文化水平，我们等着你们的到来。

（张　斌）

（来）（自）（西）（非）（海）（岸）（的）（报）（告）

自从1985年3月，中国第一支赴西非远洋船队开出以来，中国水产联合总公司属下各公司又接连地开出了第二支、第三支、第四支赴西非的远洋作业船队，再加上各省市所属渔业公司也分别开出了赴西非的船队。这样，中国的远洋作业船队已遍布于大西洋的西非海岸，北起摩洛哥，南至加蓬作业渔区，跨纬40多度。

这里的鱼类种别较多，不下于二十多种，主要的有：方头、尖嘴、带鱼、胡子鲶、海鳗、舌鳗、兰园鲹、花鲷、鸡笼鲳、沙鱼、乌鱼，还有对虾、鹰爪虾和梭子蟹。对各种鱼的加工规格更是严密，略有不慎，便有销售不出去的可能。那只能作为废物，做亏本生意了。刚开始，我们的产品只销于拉斯帕尔玛斯和达喀尔。随着船队的壮大，和捕鱼经验的不断丰富，产品大大增加，销路也不断壮大。从去年以来，我们又开辟了喀麦隆、象牙海岸、西班牙和意大利的鱼市场。这样，从经济效益来看，也是相当可观的。

以85年、86年、87年而言，第一年基本上不盈不亏，第二年盈利58万美元，第三年利润100万美元，计划88年的利润达120万美元。从今年的形势看，很有可能突破120万美元大关。

至于我们的工作和生活情况如何？这是我们的师生一定很关心的，这里也作点汇报。由于各渔区的经营方式不同和其它条件的限制，情况有所不同。合资公司与各省市所属公司的船队，它们的产品销售和船上供给一般由本船负责。因此他们上岸的机会是较多的，基本上二十来天可到一次港，与外界接触较多。而我们独资的中国水产联合公司属下，其产品的销售与船上供给包括各种来往信件，均由运输船负责，所以我们上岸的机会是很少的。在不发生意外情况下，我们一年只有一次十来天的上岸修船机会，而且其间的任务也是较重的。海上的工作倒是很有奏节的，上网→下网→拣鱼→装盘→加工，每天有五、六个这样的重复，业余时间不多但很自由，各干各的事，写信、看书、看录像，打扑克，下棋。有时通过对讲机，船与船之间进行新闻聊天。这样就填补了船上精神生活的枯燥乏味。不过船上的物质生活是绝对富裕的，吃、喝、抽样样俱全，蔬菜供应也很充足。这里的个人经济效益同样很可观，各公司的船员几乎都是通过"争取"而来。

在这里工作的各船均有外籍船员。我们的同学既作船长、大副们的业余顾问，也作船上的翻译。在这里发挥了相当大的作用，不失为我们捕捞大学生的良好实习基地。自我们捕83的同学来这里后，工作成绩较为显著，受到总公司以下各级领导的好评和赞扬，为母校争得了荣誉，我们感到无上光荣。为发展祖国的远洋渔业事业，最后，以我们几年来的亲身体验，敬请各位捕捞专业的新同学努力学习，刻苦钻研，掌握现代化远洋捕捞的科学文化水平，我们等着你们的到来。

（张斌）

二十三、联合国粮农组织（FAO）主办海洋渔业管理讲习班

1986 年 10 月 6 日至 10 月 25 日，联合国粮农组织（FAO）在上海水产大学为中国主办海洋渔业管理讲习班。为了办好这次讲习班，联合国粮农组织除五位官员（美国、英国、法国等）亲自来沪授课外，还从澳大利亚、加拿大、日本、菲律宾等国聘请四位专家及顾问。参加听课的学员来自全国 26 个单位，共 38 名学员（其中 3 名为旁听）。农牧渔业部渔政局领导出席了该班的开幕式及闭幕活动。开幕式之际，联合国粮农组织（FAO）驻中国代办处派员前来祝贺。

为配合专家讲学，学校以海洋渔业系为主和外事科组织了接待小组。讲习班正式教材共 35 册，其中除 4 册原为中文版外，其余 31 册均为英文版，由学校海洋渔业系组织翻译成中文并打印成册。详见如下图文：

联合国粮农组织（FAO）主办海洋渔业管理讲习班开学

联合国粮农组织（FAO）海洋渔业管理讲习班

教学材料

（共三十五册）

第一册：《1980 年粮食和农业状况》

第二册：《世界渔业管理和发展会议的报告》

第三册：《世界渔业资源状况回顾》

第四册：《各国因渔业法和经济状况变化所作的调整》

第五册：《2000 年世界渔业的展望》

第六册：《食用渔业：世界的发展情况和特殊要求》

第七册：《渔业管理经济学概论》

第八册：《小规模渔业管理概念》

第九册：《南中国海渔捞努力量的调节》

第十册：《调节捕捞努力量的途径》

第十一册：《捕捞努力量的调节》

第十二册：《海洋渔业的区域使用权：定义和条件》

第十三册：《专题调查委员会关于新海洋政权下渔业管理的原则》

第十四册：《社会经济调查需知》

第十五册：《搜集渔业社会经济资料专门会议之报告》

第十六册：《在关于渔业管理监测、控制和监督体制专家会议上的
　　　　　报告》

第十七册：《日本沿岸近海渔业管理法规——关于渔业权制度的
　　　　　专述》

第十八册：《日本渔业的许可和限制制度》

第十九册：《控制捕捞努力量——马来西亚的经验和问题》

第二十册：《澳大利亚的渔船许可证、渔具管理与渔民许可制
　　　　　度——澳大利亚的经验与有关管理措施》

第二十一册：《领土使用权和经济效率——关于菲律宾捕捞特许权
　　　　　　情况》

第二十二册:《传统渔业的研究工作大纲》

第二十三册:《马尔代夫专属经济区渔业的管理》

第二十四册:《为什么要资源评估》

第二十五册:《关于审查沿海渔业资源蕴藏量及鱼种组成变动的专

家会议报告》

第二十六册:《渔业管理指南》

第二十七册:《国际渔业合资企业西非实例调研》

第二十八册:《沿岸国对外国捕鱼的要求》

第二十九册:《对发展计划和投资分析十分重要的一些渔业特性》

第三十册:《塞浦路斯沿海渔业管理的经济特征》

第三十一册:《新海洋法精神下制订渔业法规的原则》

第三十二册:《渔业管理中的基本生物学概念》

第三十三册:《〈联合国海洋公约〉所规定的渔业方面法律制度及

导致通过〈公约〉的谈判简史》

第三十四册:《外国参加渔业的各种形式:沿海国的政策》

第三十五册:《南中国海渔业管理活动的评价》

联合国粮农组织（FAO）海洋渔业管理讲习班教学材料

联合国粮农组织（FAO）海洋渔业管理讲习班教学材料

联合国粮农组织（FAO）海洋渔业管理讲习班教学材料

二十四、首位捕捞学硕士、博士研究生

1986 年，国务院学位办批准学校捕捞学具有硕士学位授予权。1989 年学校首位捕捞学硕士研究生王锦浩毕业。王锦浩撰写的硕士学位论文题目为《底层鱼类渔具渔法的研究》，指导教师姜在泽。见下图：

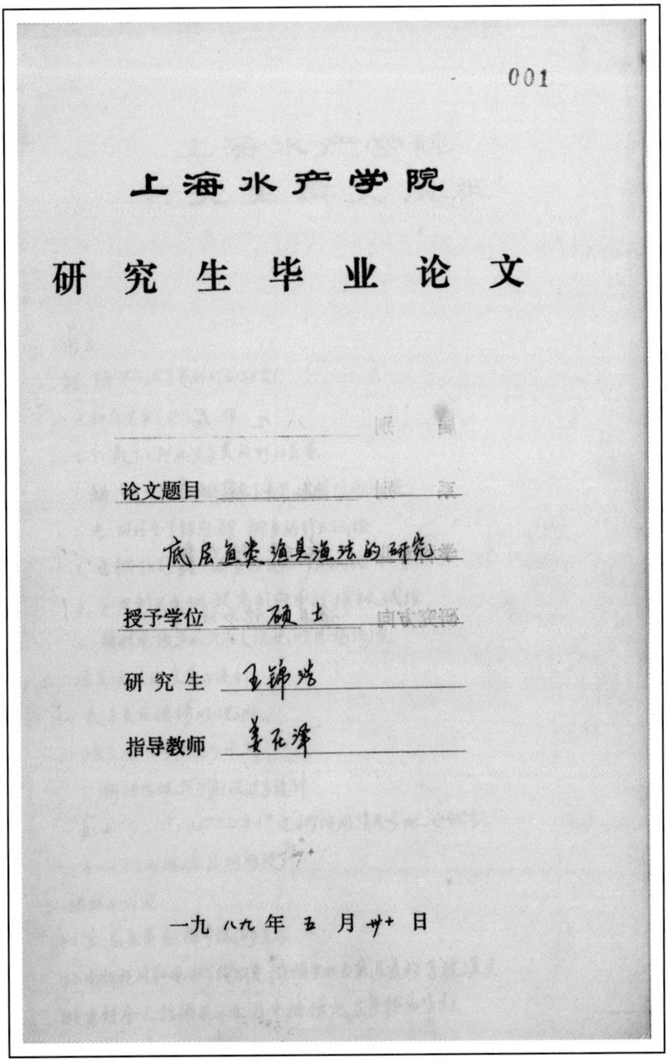

001

上海水产学院

研究生毕业论文

论文题目

底层鱼类渔具渔法的研究

授予学位 硕士

研究生 王锦浩

指导教师 姜在泽

一九八九年五月廿十日

王锦浩硕士学位论文封面

2000 年，学校水产一级学科被国务院学位办批准具有博士学位授予权。2005 年学校首位捕捞学博士研究生钱卫国毕业。钱卫国撰写的博士学位论文题目为《鱿钓渔业中集鱼灯的优化配置研究》，指导教师孙满昌。见下图：

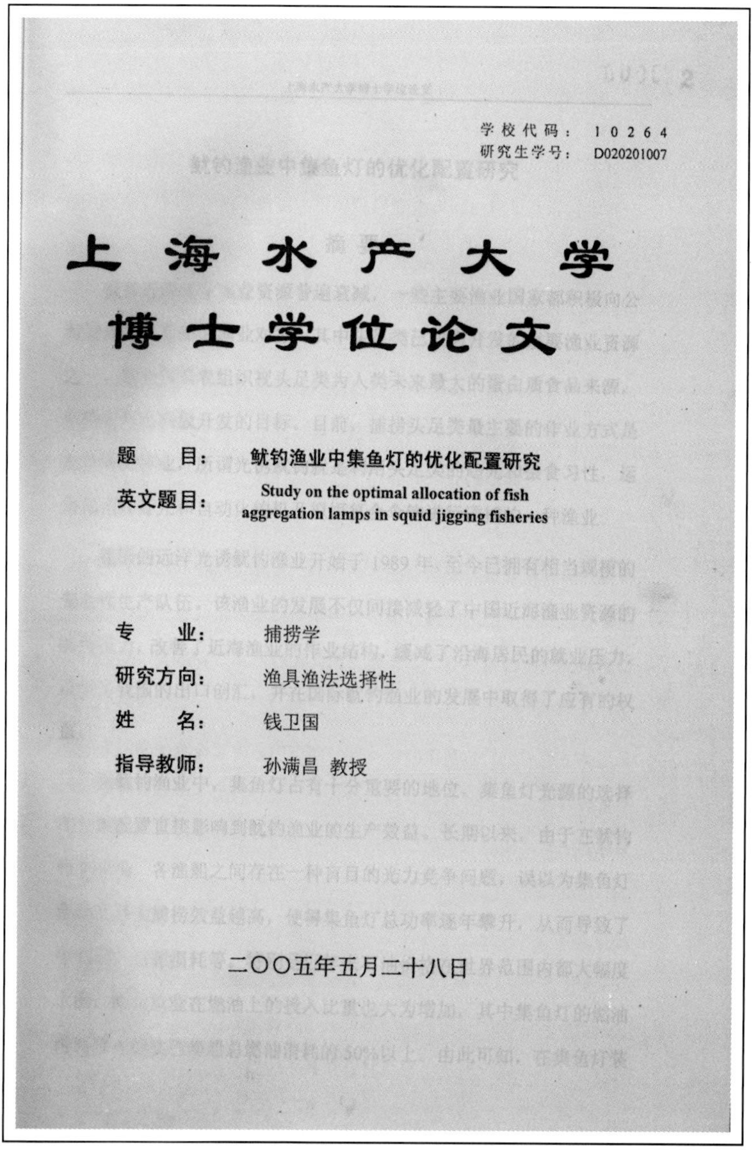

学校代码：　10264
研究生学号：　D020201007

上海水产大学
博士学位论文

题　　目：　鱿钓渔业中集鱼灯的优化配置研究
英文题目：　Study on the optimal allocation of fish aggregation lamps in squid jigging fisheries

专　　业：　捕捞学
研究方向：　渔具渔法选择性
姓　　名：　钱卫国
指导教师：　孙满昌　教授

二〇〇五年五月二十八日

钱卫国博士学位论文封面

二十五、服务社会　教泽广被

为适应远洋渔业发展的需要，提高我国远洋渔业职务船员和经营管理人员的业务水平。1990年，农业部在学校成立农业部远洋渔业培训中心，培训中心挂靠学校。学校还组织编写了"全国渔业船舶职务船员培训统编教材"，包括有《捕捞》《航海》《英语》《轮机》《法规》等。并曾派员赴香港特别行政区为香港渔民进行金枪鱼延绳钓技术培训。

1992年，第一期远洋渔业职务船员培训班开班。1992年3月2日《上海水产大学》第181期对此进行如下报道：

我校举办的农业部远洋渔业培训中心

第一期远洋渔业职务船员培训班日前开学

·本报讯·　在我校举办的农业部远洋渔业培训中心第一期远洋渔业职务船员培训班日前开学。

中国水产总公司现有远洋渔轮98艘，在"八五"期间将发展到105艘。因此，每年需要替换和补充较多的普通船员与职务船员。

为了适应我国远洋渔业的发展，提高船员素质，向西非各远洋渔业基地输送技术人员，农业部水产司、中国水产总公司和上海水产大学共同协商决定举办从渔民中招生的职务船员培训班。

这期培训班共有学员60名，是来自舟山和台州地区的渔民，其中驾驶专业30名，轮机专业30名，学习期为7个月。学员们都经过文化考核，有两年以上海上工作经历。学习期间除了主修轮机、驾驶专业外，还增加外语、捕鱼技术和机械基础等基础课的内容和学时。结业时将参加由国家渔监部门的考试，合格者取得三等远洋渔轮驾驶员或者轮机员证书，并随渔轮去西非捕鱼，为期 2 年。学习期间，学员享受免费学习并发给生活费。

在本期培训班的开学典礼上，农业部水产司、中国水产总公司、渔政局、浙江省水产局、台州地区和舟山市各级领导以及我校党委书记陈坚，副校长赵长春、王克忠，渔工系领导等出席了会议并作了讲话。

·本报讯· 在我校举办的农业部远洋渔业培训中心第一期远洋渔业职务船员培训班日前开学。

中国水产总公司现有远洋渔轮 98 艘，在"八五"期间将发展到 105 艘。因此，每年需要替换和补充较多的普通船员与职务船员。

为了适应我国远洋渔业的发展，提高船员素质，向西非各远洋渔业基地输送技术人员，农业部水产司、中国水产总公司和上海水产大学共同协商决定举办从渔民中招生的职务船员培训班。

这期培训班共有学员 60 名，是来自舟山和台州地区的渔民，其中驾驶专业 30 名，轮机专业 30 名，学习期为 7 个月。学员们都经过文化考核，有两年以上海上工作经历。学习期间除了主修轮机、驾驶专业外，还增加了外语、捕鱼技术和机械基础等基础课的内容和学时。结业时将参加由国家渔监部门的考试，合格者取得三等远洋渔轮驾驶员或者轮机员证书，并随渔轮去西非捕鱼，为期 2 年。学习期间，学员享受免费学习并发给生活费。

在本期培训班的开学典礼上，农业部水产司、中国渔业总公司、渔政局、浙江省水产局、台州地区和舟山市各级领导以及我校党委书记陈坚，副校长赵长春、王克忠，渔工系领导等出席了会议并作了讲话。

（一闻 摄影报导）
在开学典礼上

我校举办的农业部远洋渔业培训中心第一期远洋渔业职务船员培训班日前开学

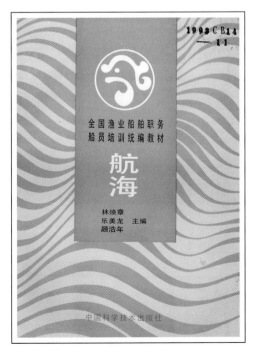

全国渔业船舶职务
船员培训统编教材

全国渔业船舶职务
船员培训统编教材

香港特别行政区渔农自然护理署赠送的锦旗（2002 年 7 月）

二十六、荣获国家级教学成果奖

1997 年 10 月 24 日，由周应祺、黄硕琳、崔建章、季星辉、王尧耕等主持完成的"海洋渔业专业的教学改革与实践"课题，荣获 1997 年第三届国家级教学成果奖一等奖。这是学校首次荣获国家级教学成果奖。

1997 年 5 月 18 日《上海水产大学》第 237 期对此进行报道如下：

我校"海洋渔业专业的教学改革和实践" 获国家级教学成果一等奖

本报讯　根据国务院颁布的《教学新成果奖励条例》和国家教委有关文件精神，经 1997 年国家级普通高等学校教学成果奖评审委员会审议通过，共评出国家级教学成果特等奖一项，一等奖五十三项，二等奖五十三项。我校以周应祺、黄硕琳、崔建章、季星辉、王尧耕等五人为主要完成人的"海洋渔业专业的教学改革和实践"荣获国家教学成果奖一等奖。评审委员会的评审意见认为此项成果将海洋渔业专业方向调整为面向远洋，解决了多年来因近海渔业衰落带来办学的困境，并为全国水产高校办好海洋渔业专业开创了新途径。评审委员会一致认为此项成果具有显著的独创性、新颖性和实用性，达到国内领先水平。农、林、水系统荣获一等奖成果的仅有三项，除我校外，另两项为南京农业大学和北京林业大学所获。

我校"海洋渔业专业的教学改革和实践"
获国家级教学成果奖一等奖

本报讯 根据国务院颁布的《教学成果奖励条例》和国家教委有关文件精神，经 1997 年国家级普通高等学校教学成果奖评审委员会审议通过，共评出国家级教学成果特等奖一项，一等奖五十三项，二等奖五十三项。我校以周应祺、黄硕琳、崔建章、季星辉、王尧耕等五人为主要完成人的"海洋渔业专业的教学改革和实践"荣获国家教学成果奖一等奖。评审委员会的评审意见认为此项成果将海洋渔业专业方向调整为面向远洋，解决了多年来因近海渔业衰落带来办学的困境，并为全国水产高校办好海洋渔业专业开创了新途径。评审委员会一致认为此项成果具有显著的独创性、新颖性和实用性，达到国内领先水平。农、林、水系统荣获一等奖成果的仅有三项，除我校外，另两项为南京农业大学和北京林业大学所获。

《我校"海洋渔业专业的教学改革和实践"获国家级教学成果奖一等奖》，
《上海水产大学》第 237 期（1997 年 5 月 18 日）

国家级教学成果奖
一等奖奖章和证书

2001 年 12 月，由周应祺、孙满昌、杨红、张敏、金正祥等主持完成的"海洋渔业科学与技术专业人才培养模式研究及教学改革实践"课题，荣获国家级教学成果奖二等奖，见下图：

国家级教学成果奖二等奖证书

二十七、捕捞学博士生导师

上海海洋大学档案馆馆藏档案记载，自 2000 年学校水产一级学科被国务院学位办批准具有博士学位授予权至 2016 年，通过学校发文先后担任捕捞学博士生导师的有：周应祺教授、孙满昌教授、许柳雄教授、宋利明教授、陈雪忠研究员、张国胜教授。

2001 年 4 月 29 日，学校下发《关于印发〈上海水产大学第四届学位评定委员会第三次全体会议公报〉的通知》（沪水大研〔2001〕10号）增列周应祺教授、孙满昌教授为捕捞学博士研究生导师。这是学校首批捕捞学博士研究生导师。

2009 年 7 月 24 日，学校下发《关于印发〈上海海洋大学第六届学位评定委员会第一次全体会议公报〉的通知》（沪海洋研〔2009〕15号）遴选许柳雄教授、宋利明教授、陈雪忠研究员（水科院）为捕捞学博士研究生导师。

2011 年 10 月 26 日，学校下发《关于印发〈上海海洋大学第六届学位评定委员会第七次全体会议公报〉的通知》（沪海洋研〔2011〕25 号）遴选张国胜教授（大连海洋大学）为捕捞学兼职博士研究生导师。

编号

4.1

上海水产大学文件

沪水大研（2001）10 号

关于印发《上海水产大学第四届学位评定委员会
第三次全体会议公报》的通知

各学院：

　　上海水产大学第四届学位评定委员会第三次全体会议于 2001 年
4 月 27 日举行，现转发《上海水产大学第四届学位评定委员会第三
次全体会议公报》。

　　特此通知。

　　附件：上海水产大学第四届学位评定委员会第三次全体会议公报

上海水产大学
二〇〇一年四月二十九日

主题词：学位评定　委员会　公报　通知

上海水产大学办公室　　　　　　　　二〇〇一年四月二十九日印发

校对：王星　　　　　　　　　　　　　　　　（共印 60 份）

2

上海水产大学第四届学位评定委员会
第三次全体委员会议公报

　　上海水产大学第四届学位评定委员会于 2001 年 4 月 27 日召开了第三次全体委员会议，本次全会应到委员 21 人，出席 21 人。

　　学位评定委员会秘书、研究生部主任施志仪博士主持了本次全会，会议的主要议题有：

1、审议并通过《上海水产大学学士学位授予工作细则》；
2、审核 2001 年新增硕士生指导教师人员名单；
3、审核 2001 年新增博士生指导教师人员名单；

　　经与会委员的审议和表决，现将全会结果公报如下：

一、审议并通过了《上海水产大学学士学位授予工作细则》；

二、增列下列人员为硕士生指导教师（共 24 人）

渔业学院：唐文乔　吴嘉敏　严兴洪　陆宏达　蔡生力　魏 华　何培民
　　　　　白俊杰（珠江所）　谢 骏（珠江所）　杨爱国（黄海所）
　　　　　杨宁生（水科院）　区又君（南海所）　孔 杰（黄海所）
　　　　　江世贵（南海所）

食品学院：张淑平　刘承初　孙 谧（黄海所）　方晓明（上海出入境检验检疫局）

海洋学院：陈新军　赵宪勇（黄海所）　李继龙（水科院）　林 钦（南海所）

经贸学院：高 健

计算机学院：张 健

三、增列下列人员为博士生指导教师（共 6 人）

渔业学院水产养殖专业：马家海　杨先乐

海洋学院捕捞学专业：周应祺　孙满昌

海洋学院渔业资源专业：黄硕琳　张相国

上海水产大学学位评定委员会
二〇〇一年四月二十七日

2001 年周应祺教授、孙满昌教授被增
列为学校捕捞学博士生导师（文件）

13

上海海洋大学文件

沪海洋研[2009]15 号

关于印发《上海海洋大学第六届学位评定委员会
第一次全体会议公报》的通知

各学院：

　　上海海洋大学第六届学位评定委员会第一次全体会议于
2009 年 7 月 7 日举行，本次会议应到委员 25 人，实到 24 人，
请假 1 人。

会议主要议题有：

　　1. 介绍 2009 届学士学位授予基本情况（教务处）

　　2. 介绍 2009 届成人教育学士学位授予基本情况（成教学
院）

　　3. 审议 2009 年硕博导遴选情况

　　4. 审议 2009 届硕博研究生学位授予情况

　　5. 审议 2009 届校级优秀论文评审情况

　　6. 审议《上海海洋大学博士研究生指导教师述职制度暂行
规定》、《上海海洋大学硕士、博士学位授权点评估暂行规定》

　　经与会委员的审议和表决，现将会议结果公报如下：

　　1. 同意授予 2009 届全日制本科生 2635 人学士学位（名单
另发）；

14

　　2. 同意授予方丽佩等 49 人成人教育学士学位（见附件一）；

　　3. 审议通过张俊彬等 22 位专家为博士生导师（见附件二：
2009 年博士生导师遴选结果汇总表）；

　　4. 审议通过吴惠仙等 70 位专家为硕士生导师（见附件三：
2009 年硕士生导师遴选结果汇总表）

　　5. 同意公示三个月无异议，授予李辉华等 13 位同学博士学
位，公示截至日期为 10 月 7 日（见附件四：2009 届博士研究
生学位授予信息汇总）

　　6. 同意授予杜旭彤等 175 位同学硕士学位（见附件五：2009
届硕士研究生学位授予信息汇总）

　　7. 同意授予何捷等 17 位同学专业硕士学位（见附件六：
2009 届专业学位硕士研究生学位授予信息汇总）

　　8. 审议通过李聃等九位同学学位论文为 2009 年校级研究
生优秀学位论文（见附件七：2009 年校级研究生优秀学位论文
评选名单）

　　9. 审议《上海海洋大学博士研究生指导教师述职制度暂行
规定》、《上海海洋大学硕士、博士学位授权点评估暂行规定》
（附件八：《上海海洋大学博士研究生指导教师述职制度暂行规
定》、《上海海洋大学硕士、博士学位授权点评估暂行规定》）

　　　　　　　　　　　　　　　　　二〇〇九年七月二十四日

主题词：学位评定　委员会　公报　通知

上海海洋大学办公室　　　　　　　　　　2009 年 9 月 4 日印发

校对：黄金玲　　　　　　　　　　　　　　　　（共印 3 份）

2009 年许柳雄教授、宋利明教
授、陈雪忠研究员被遴选为学
校捕捞学博士生导师（文件）

17

附件二：

2009 年博士生导师遴选结果汇总表

（一）我校博士生导师遴选结果

序号	姓名	性别	出生年月	现任技术职务	最高学位	二级学科
1	张俊彬	男	1971.09	教授	博士	水产养殖
2	吕利群	男	1971.11	教授	博士	水产养殖
3	吕为群	男	1967.12	教授	博士	水产养殖
4	刘其根	男	1965.08	教授	博士	水产养殖
5	赵金良	男	1989.11	教授	博士	水产养殖
6	王丽卿	女	1970.02	教授	博士	水生生物学
7	吴文通	男	1965.08	教授	博士	水产品加工及贮藏工程
8	刘承初	女	1968.05	教授	博士后	水产品加工及贮藏工程
9	许柳雄	男	1956.08	教授	硕士	捕捞学
10	宋利明	男	1968.12	教授	博士	捕捞学
11	杨正勇	男	1968.08	教授	博士	渔业经济与管理
12	高健	男	1968.08	教授	博士	渔业经济与管理

18

（二）水科院博士生导师遴选结果

序号	姓名	性别	出生年月	现任技术职务	最高学位	二级学科
1	马爱军	男	1971.04	研究员	博士	水产养殖
2	喻达辉	男	1963.11	研究员	博士	水产养殖
3	朱新平	男	1964.12	研究员	博士	水产养殖
4	陈雪忠	男	1957.08	研究员	学士	捕捞学

（三）广东海洋大学及其他外单位博士生导师遴选结果

序号	姓名	性别	出生年月	现任技术职务	最高学位	二级学科
1	李广丽	女	1967.02	教授	博士	水产养殖
2	杜晓东	男	1962.01	教授	博士	水产养殖
3	佘忠明	男	1966.06	教授	博士	水产养殖
4	林明森	男		教授	博士	渔业资源
5	苏奕恒	男	1959	教授	博士	渔业资源
6	陈长胜	男	1955	教授	博士	渔业资源

2009 年许柳雄教授、宋利明教授、陈雪忠研究员被遴选为学校捕捞学博士生导师（文件）

39

上海海洋大学文件

沪海洋研〔2011〕25 号

关于印发《上海海洋大学第六届学位评定委员会
第七次全体会议公报》的通知

各学院：

上海海洋大学第六届学位评定委员会第七次全体会议于
2011 年 10 月 8 日举行，本次会议应到委员 25 人，实到 21 人，
请假 4 人。

会议主要议题有：

1. 审议 2011 年校级优秀论文评选情况

2. 审议大连海洋大学申请我校兼职博导情况

3. 审议 2011 年硕博导遴选事宜

经与会委员的审议和表决，现将会议结果公报如下：

1. 审议通过刘峰等 10 位同学的学位论文为 2011 年校级优秀
论文；（见附件一：2011 年校级优秀论文评选结果汇总表）

2. 审议通过孔亮等 4 位教授为我校兼职博士生导师；（见附
件二：2011 新遴选的兼职博导名单（大连海洋大学））

40

3. 通过了《关于做好 2011 年博士生指导教师资格评审工作
的通知》（附件三）、《关于做好 2011 年硕士生指导教师资格评审
工作的通知》（附件四）

二〇一一年十月二十六日

主题词：学位评定　委员会　公报　通知

上海海洋大学办公室　　　　　　　2011 年 10 月 28 日印发

校对：黄金玲　　　　　　　　　　　　（共印 3 份）

2011 年张国胜教授被遴选为学校
捕捞学兼职博士生导师（文件）

42

附件二

2011年新遴选的兼职博导名单（大连海洋大学）

序号	姓名	出生年月	性别	专业	学位	职务
1	孔亮	1970.1	男	水产养殖	博士	教授
2	闫喜武	1962.6	男	水产养殖	博士	教授
3	陈勇	1956.11	男	渔业资源	博士	教授
4	张国胜	1960.1	男	捕捞学	博士	教授

2011年张国胜教授被遴选为学校捕捞学兼职博士生导师（文件）

二十八、荣获上海市研究生优秀成果（学位论文）

　　2006 年 1 月 4 日，上海市教育委员会、上海市学位委员会公布《上海市教育委员会、上海市学位委员会关于公布 2005 年上海市研究生优秀成果（学位论文）名单的通知》（沪教委高〔2006〕2 号），上海水产大学 2004 届捕捞学硕士研究生张健（指导教师：孙满昌教授）撰写的硕士学位论文《单桩张网网囊囊目选择性研究》获 2005 年上海市研究生优秀成果（学位论文）。

　　这是学校首篇捕捞学硕士研究生学位论文荣获上海市研究生优秀成果（学位论文），也是学校首篇荣获的上海市研究生优秀成果（学位论文）。

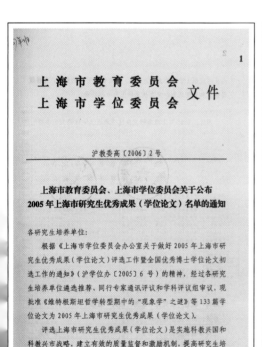

张健获 2005 年上海市研究生优秀成果（文件）

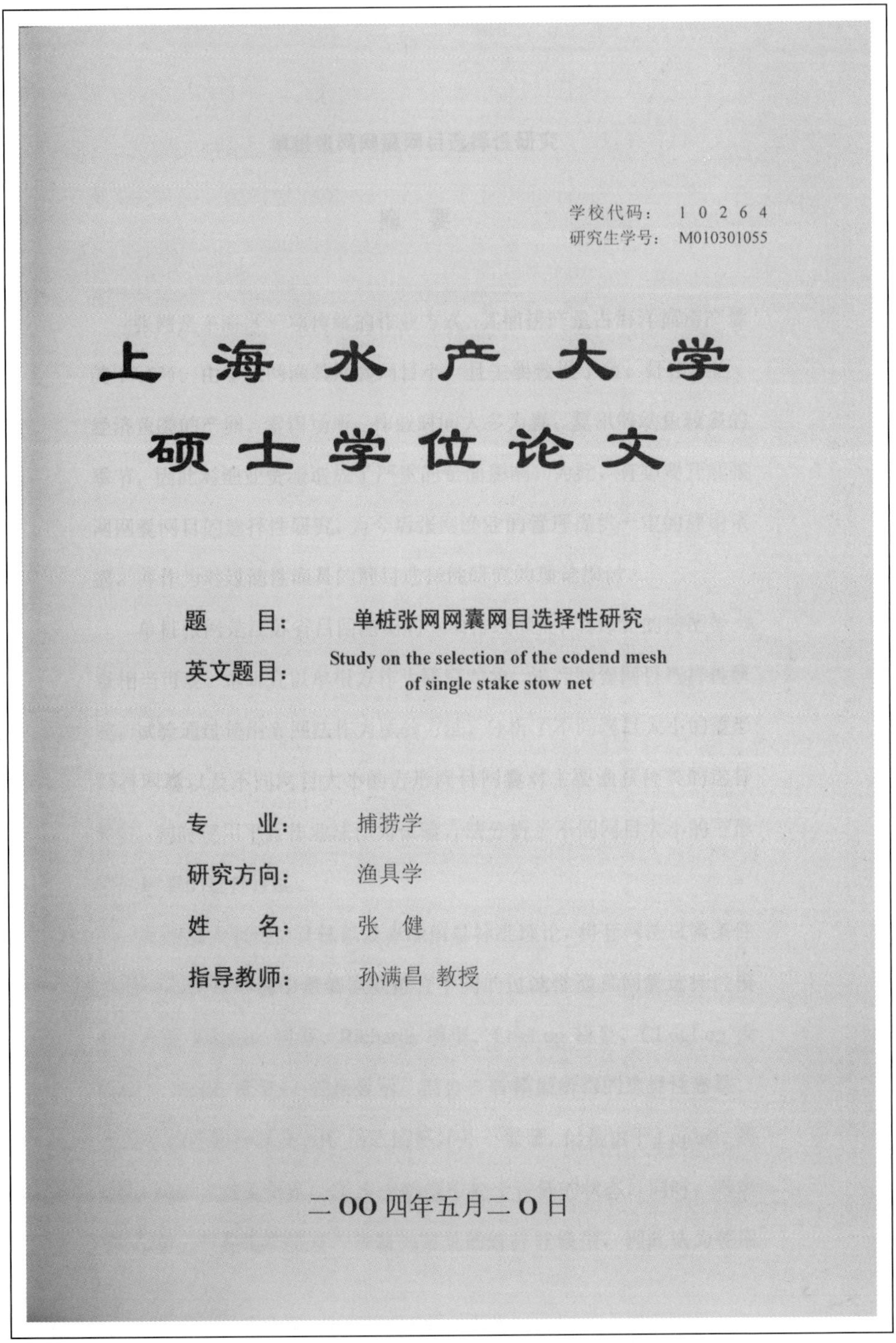

学校代码： 1 0 2 6 4
研究生学号： M010301055

上 海 水 产 大 学
硕 士 学 位 论 文

题　　目： 单桩张网网囊网目选择性研究

英文题目： Study on the selection of the codend mesh
of single stake stow net

专　　业： 捕捞学

研究方向： 渔具学

姓　　名： 张　健

指导教师： 孙满昌　教授

二〇〇四年五月二〇日

张健获 2005 年上海市研究生优秀成果（学位论文封面）

2012年3月6日，上海市教育委员会、上海市学位委员会公布《上海市教育委员会、上海市学位委员会关于公布2011年上海市研究生优秀成果（学位论文）名单的通知》（沪教委高〔2012〕11号），上海海洋大学硕士研究生张禹（指导教师：宋利明教授）撰写的硕士学位论文《马绍尔群岛海域大眼金枪鱼栖息环境综合指数》获2011年上海市研究生优秀成果（学位论文）。

序	论文题目	作者	导师	一级学科代码	一级学科名称	单位
99	白光 LED 用 BaMoO4: Pr3+体系红色荧光材料的制备及其光学性能研究	杨朝勇	余锡宾	0817	化学工程与技术	上海师范大学
100	砂土流态化运动试验研究	李光辉	黄雨	0818	地质资源与地质工程	同济大学
101	三维正交机织复合材料细观结构模型和弹道侵彻破坏	贾西文	顾伯洪	0821	纺织科学与工程	东华大学
102	再生柞蚕丝丝素应用于静电纺纳米纤维的制备与研究	杜姗	王训该	0821	纺织科学与工程	东华大学
103	足底压力分布测量鞋垫的研制	金曼	丁辛	0821	纺织科学与工程	东华大学
104	焙烧水滑石-可渗透性反应墙协同动电技术对地下水铬(VI)污染的强化修复应用研究	张佳	许云峰	0830	环境科学与工程	上海大学
105	低剂量镉及其菲复合污染 Hormesis 效应的氧化应激机制	张燕	沈国清	0904	植物保护	上海交通大学
106	土壤镉胁迫下菲降解酶的筛选及其特性研究	肖翥俊	陆贻通	0904	植物保护	上海交通大学
107	马绍尔群岛海域大眼金枪鱼栖息环境综合指数	张禹	宋利明	0908	水产	上海海洋大学
108	利用耳石微结构研究智利外海茎柔鱼的年龄、生长和种群组成	陆化杰	陈新军	0908	水产	上海海洋大学
109	micro-RNAs 对 I 型干扰素免疫效应的调控作用与相关机制研究	王晶	曹雪涛	1001	基础医学	第二军医大学
110	选择性环氧化酶 2 下游通路 mPGES1-PGE2-EP2 在慢性肾衰竭甲状旁腺异常增生中的作用研究	张倩	陈靖	1002	临床医学	复旦大学
111	非 AIDS 相关隐球菌感染患者 MBL 基因多态性分布及其相关研究	区雪婷	朱利平	1002	临床医学	复旦大学
112	miR-151 在肝癌细胞侵袭与转移中的作用及其分子机制	丁洁	屠红	1002	临床医学	上海交通大学
113	阿尔茨海默病患者脑组织的共振三维测量研究	王涛	肖世富	1002	临床医学	上海交通大学
114	慢性神经病理性病骨髓水平的机制研究	张晓琴	于布为	1002	临床医学	上海交通大学
115	杆状病毒介导 NIS 基因作为报告基因及治疗基因的实验研究	周翔	张一帆	1002	临床医学	上海交通大学
116	焦虑障碍与脑源性神经营养因子相关性研究	王媛	肖泽萍	1002	临床医学	上海交通大学
117	新型大鼠弥漫性轴索损伤模型的建立及磁共振波谱研究	李雪元	冯东福	1002	临床医学	上海交通大学
118	大鼠胸主动脉瘤模型建立及血管变构机制研究	耿亮	何汝敏	1002	临床医学	上海交通大学
119	Th17 细胞在自身免疫性肝炎致病机制中的作用	赵丽	马雄	1002	临床医学	上海交通大学

张禹获 2011 年上海市研究生优秀成果（文件）

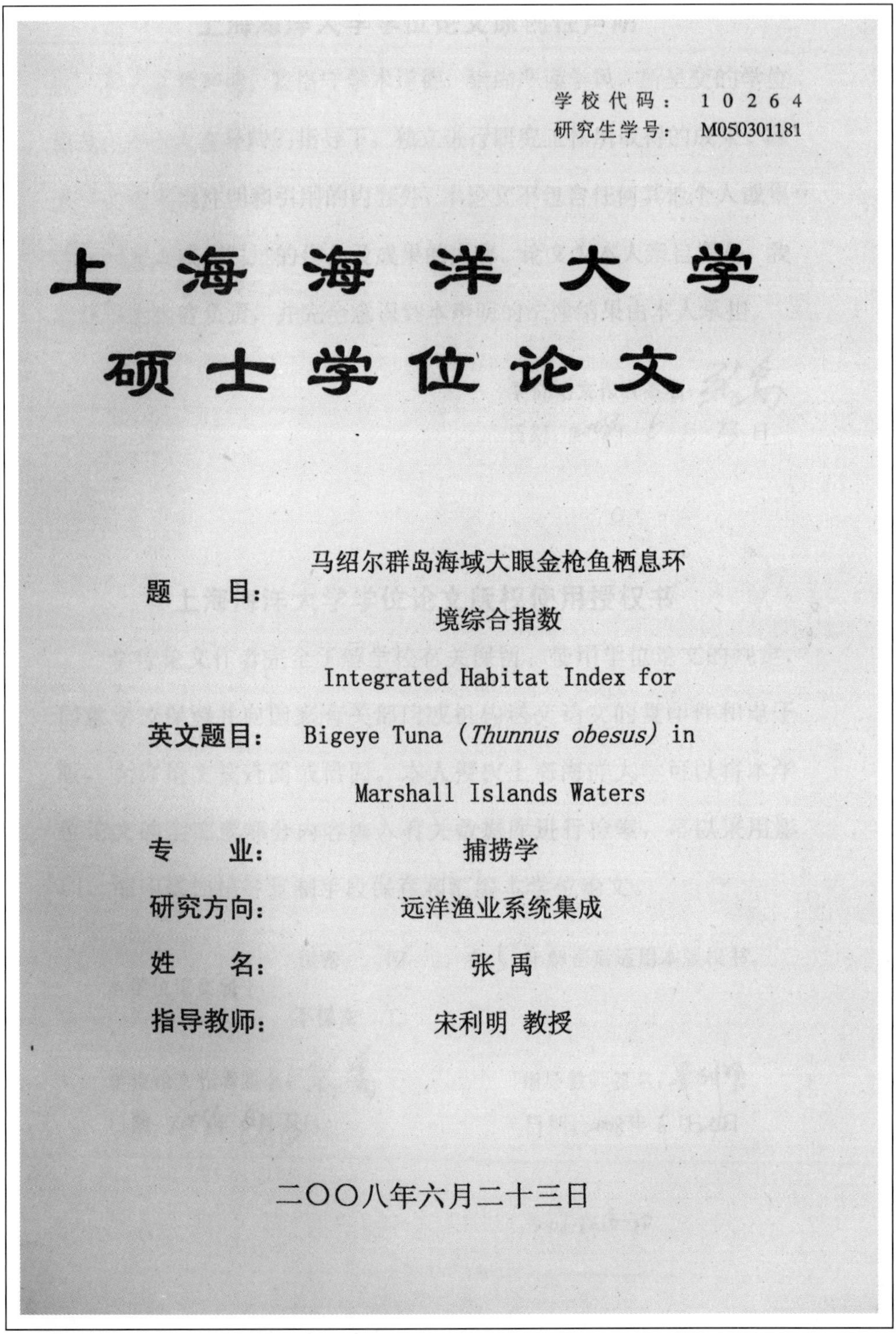

学校代码： 1 0 2 6 4
研究生学号： M050301181

上 海 海 洋 大 学
硕 士 学 位 论 文

题　目： 马绍尔群岛海域大眼金枪鱼栖息环
境综合指数

英文题目： Integrated Habitat Index for
Bigeye Tuna (*Thunnus obesus*) in
Marshall Islands Waters

专　业： 捕捞学

研究方向： 远洋渔业系统集成

姓　名： 张 禹

指导教师： 宋利明 教授

二〇〇八年六月二十三日

张禹获 2011 年上海市研究生优秀成果（学位论文封面）

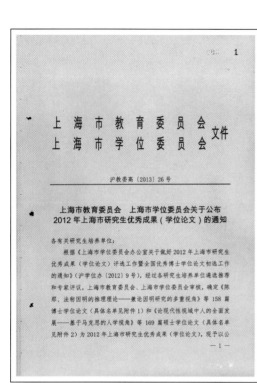

2013年5月22日，上海市教育委员会、上海市学位委员会公布《上海市教育委员会、上海市学位委员会关于公布2012年上海市研究生优秀成果（学位论文）的通知》（沪教委高〔2013〕26号），上海海洋大学硕士研究生张智（指导教师：宋利明教授）撰写的硕士学位论文《金枪鱼延绳钓渔具数值模拟及可视化》获2012年上海市研究生优秀成果（学位论文）。

序	论文题目	作者	导师	一级学科代码	一级学科名称	单位名称
135	知识工程应用于船舶结构设计的研究	陈金峰	杨和振	0824	船舶与海洋工程	上海交通大学
136	深水锚泊半潜式钻井平台运动及动力特性研究	史琪琪	杨建民	0824	船舶与海洋工程	上海交通大学
137	嵌入式海洋地震拖缆控制器设计与研究	段磊	张维竞	0824	船舶与海洋工程	上海交通大学
138	纳米二氧化硅包裹绿色荧光蛋白作为生物荧光探针的研究	叶振梅	曹傲能	0827	核科学与技术	上海大学
139	水溶性碳量子点荧光探针的制备及其性质研究	张景春	吴明红	0830	环境科学与工程	上海大学
140	牛蛙视网膜神经节细胞的时空相关放电模式	刘文中	梁培基	0831	生物医学工程	上海交通大学
141	基于核酸的电化学研究	吴迪	叶邦策	0832	生物学与工程	华东理工大学
142	基于磁性纳米粒子的典型农兽药残留免疫分析技术	胡寅	沈国清	0904	植物保护	上海交通大学
143	ALS抑制剂对固氮蓝藻的致毒效应与靶标酶ALS基因的表达及功能分析	邓培忠	沈建英	0904	植物保护	上海交通大学
144	Human Cosavirus 套式PCR检测方法的建立及基因组学分析	戴秀强	华修国	0906	兽医学	上海交通大学
145	金枪鱼延绳钓渔具数值模拟及可视化	张智	宋利明	0908	水产	上海海洋大学
146	富H2溶液对细胞及造血系统的辐射防护效应研究	钱李仁	蔡建明	1001	基础医学	第二军医大学
147	住院患者跌倒预防的循证实践研究	成磊	胡雁	1002	临床医学	复旦大学
148	人早孕期母-胎界面蜕膜 γ δ T 细胞与滋养细胞的相互调节作用	范登轩	金莉萍	1002	临床医学	复旦大学
149	let-7/LIN28通路相关基因多态性与乳腺癌发生易感性的关联研究	陈翔丽	邵志敏	1002	临床医学	复旦大学
150	环境内分泌干扰物与肥胖及胰岛素抵抗相关性研究	王天歌	王卫庆	1002	临床医学	上海交通大学
151	CT能谱成像在肝癌的诊断和鉴别诊断中的研究	吕培杰	陈克敏	1002	临床医学	上海交通大学
152	IRX1基因对胃癌血管形成的影响及其相关机制研究	蒋金玲	朱正纲	1002	临床医学	上海交通大学
153	弥漫性轴索损伤后微结构损伤、葡萄糖代谢紊乱与学习记忆障碍的实验研究	李甲	冯东福	1002	临床医学	上海交通大学
154	富血小板血浆与透明质酸钠治疗膝关节炎的作用对比	刘骥	张长青	1002	临床医学	上海交通大学
155	E3泛素连接酶CHIP调控胶质瘤恶性生物学行为的实验研究及机制探讨	徐涛	陈菊祥	1002	临床医学	第二军医大学
156	儿童早孕期母体有机磷农药暴露水平及其对生长发育的影响	王沛	田英	1004	公共卫生与预防医学	上海交通大学
157	病疳症状发作诱因的病例对照研究及与中医临床证型的相关性	高家治	刘华	1005	中医学	上海中医药大学
158	健腰密骨片及其有效组分对OPG基因敲除小鼠椎间盘退变影响的研究	李晓锋	周重建	1005	中医学	上海中医药大学

— 16 —

张智获2012年上海市研究生优秀成果（文件）

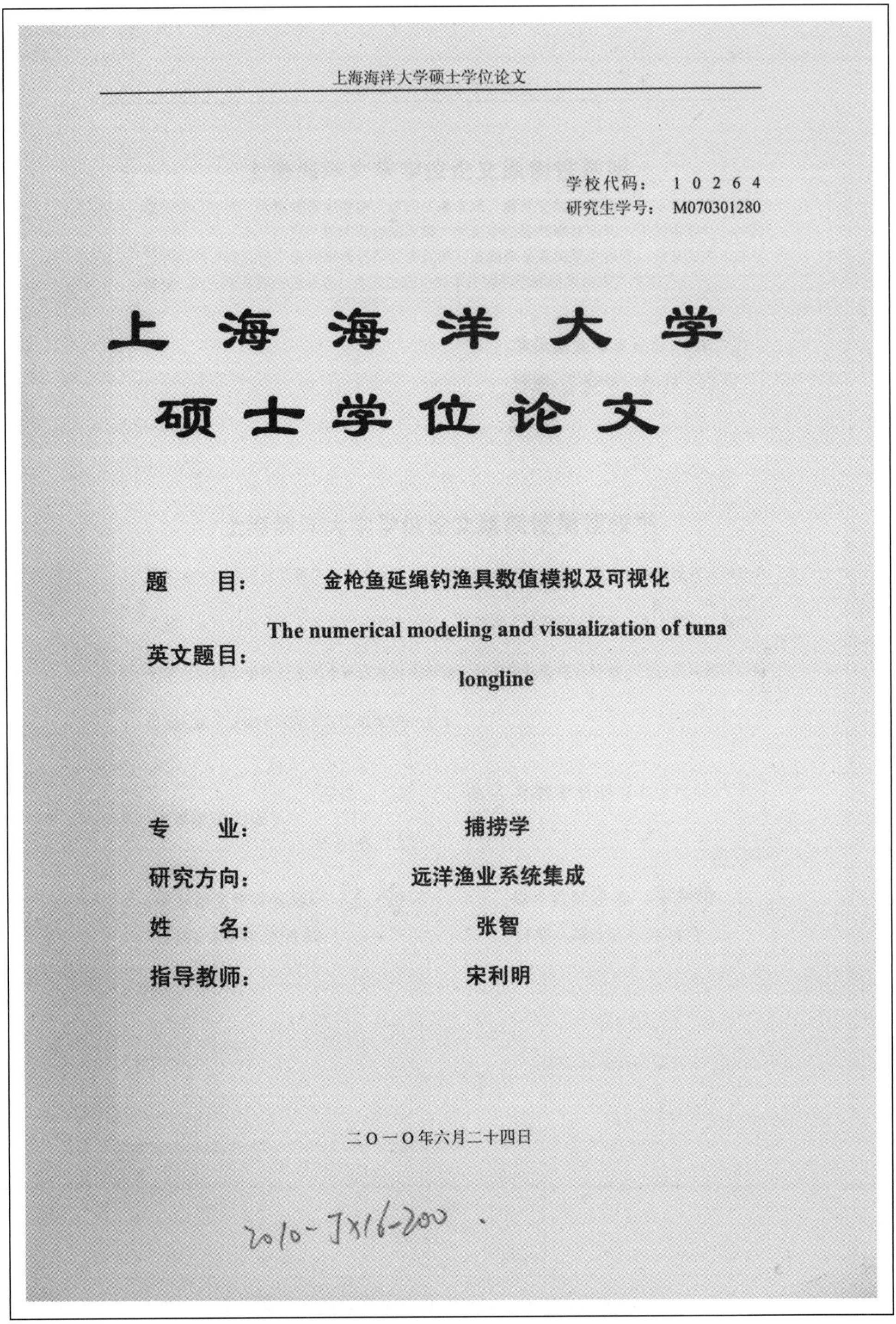

上海海洋大学硕士学位论文

学校代码：　１０２６４
研究生学号：M070301280

上 海 海 洋 大 学
硕 士 学 位 论 文

题　　目：　　　金枪鱼延绳钓渔具数值模拟及可视化

英文题目：　　The numerical modeling and visualization of tuna

longline

专　　业：　　　捕捞学

研究方向：　　　远洋渔业系统集成

姓　　名：　　　张智

指导教师：　　　宋利明

二〇一〇年六月二十四日

2010-JX16-200.

张智获 2012 年上海市研究生优秀成果（学位论文封面）

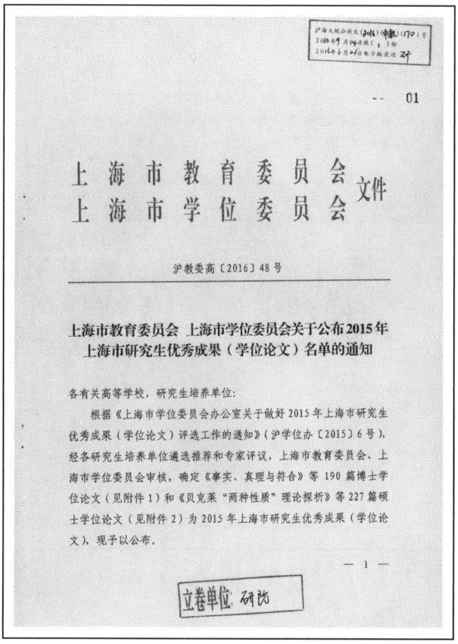

01

上海市教育委员会
上海市学位委员会 文件

沪教委高〔2016〕48号

上海市教育委员会 上海市学位委员会关于公布2015年上海市研究生优秀成果（学位论文）名单的通知

各有关高等学校，研究生培养单位：

根据《上海市学位委员会办公室关于做好2015年上海市研究生优秀成果（学位论文）评选工作的通知》（沪学位办〔2015〕6号），经各研究生培养单位遴选推荐和专家评议，上海市教育委员会、上海市学位委员会审核，确定《事实、真理与符合》等190篇博士学位论文（见附件1）和《贝克莱“两种性质”理论探析》等227篇硕士学位论文（见附件2）为2015年上海市研究生优秀成果（学位论文），现予以公布。

— 1 —

立卷单位：研防

2016年6月14日，上海市教育委员会、上海市学位委员会公布《上海市教育委员会、上海市学位委员会关于公布2015年上海市研究生优秀成果（学位论文）名单的通知》（沪教委高〔2016〕48号），上海海洋大学硕士研究生唐浩（指导教师：许柳雄教授）撰写的硕士学位论文《基于海上实测和模型试验的金枪鱼围网沉降性能分析》获2015年上海市研究生优秀成果（学位论文）。

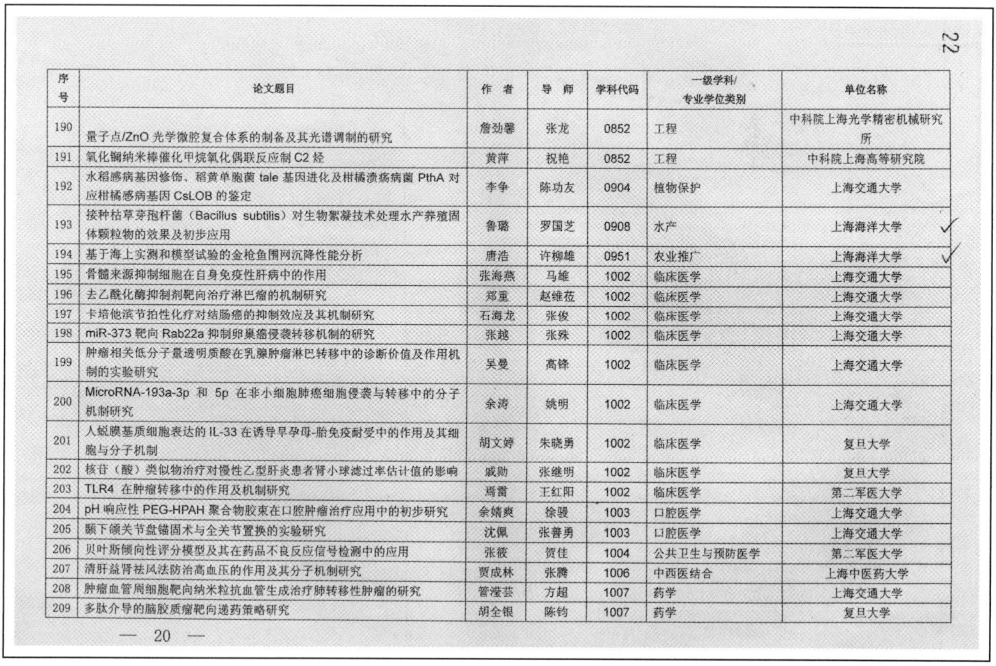

22

序号	论文题目	作者	导师	学科代码	一级学科/专业学位类别	单位名称
190	量子点/ZnO 光学微腔复合体系的制备及其光谱调制的研究	詹劲馨	张龙	0852	工程	中科院上海光学精密机械研究所
191	氧化镧纳米棒催化甲烷氧化偶联反应制 C2 烃	黄萍	祝艳	0852	工程	中科院上海高等研究院
192	水稻感病基因修饰、稻黄单胞菌 tale 基因进化及柑橘溃疡病菌 PthA 对应柑橘感病基因 CsLOB 的鉴定	李争	陈功友	0904	植物保护	上海交通大学
193	接种枯草芽孢杆菌（Bacillus subtilis）对生物絮凝技术处理水产养殖固体颗粒物的效果及初步应用	鲁璐	罗国芝	0908	水产	上海海洋大学 ✓
194	基于海上实测和模型试验的金枪鱼围网沉降性能分析	唐浩	许柳雄	0951	农业推广	上海海洋大学 ✓
195	骨髓来源抑制细胞在自身免疫性肝病中的作用	张海燕	马雄	1002	临床医学	上海交通大学
196	去乙酰化酶抑制剂靶向治疗淋巴瘤的机制研究	郑重	赵维莅	1002	临床医学	上海交通大学
197	卡培他滨节拍性化疗对结肠癌的抑制效应及其机制研究	石海龙	张俊	1002	临床医学	上海交通大学
198	miR-373 靶向 Rab22a 抑制卵巢癌侵袭转移机制的研究	张越	张殊	1002	临床医学	上海交通大学
199	肿瘤相关低分子量透明质酸在乳腺肿瘤淋巴转移中的诊断价值及作用机制的实验研究	吴曼	高锋	1002	临床医学	上海交通大学
200	MicroRNA-193a-3p 和 5p 在非小细胞肺癌细胞侵袭与转移中的分子机制研究	余涛	姚明	1002	临床医学	上海交通大学
201	人蜕膜基质细胞表达的 IL-33 在诱导早孕母-胎免疫耐受中的作用及其细胞与分子机制	胡文婷	朱晓勇	1002	临床医学	复旦大学
202	核苷（酸）类似物治疗对慢性乙型肝炎患者肾小球滤过率估计值的影响	戚勋	张继明	1002	临床医学	复旦大学
203	TLR4 在肿瘤转移中的作用及机制研究	焉蕾	王红阳	1002	临床医学	第二军医大学
204	pH 响应性 PEG-HPAH 聚合物胶束在口腔肿瘤治疗应用中的初步研究	余婧爽	徐骎	1003	口腔医学	上海交通大学
205	颞下颌关节盘锚固术与全关节置换的实验研究	沈佩	张善勇	1003	口腔医学	上海交通大学
206	贝叶斯倾向性评分模型及其在药品不良反应信号检测中的应用	张筱	贺佳	1004	公共卫生与预防医学	第二军医大学
207	清肝益肾祛风法防治高血压的作用及其分子机制研究	贾成林	张腾	1006	中西医结合	上海中医药大学
208	肿瘤血管周细胞靶向纳米粒抗血管生成治疗肺转移性肿瘤的研究	管滢芸	方超	1007	药学	上海交通大学
209	多肽介导的脑胶质瘤靶向递药策略研究	胡全银	陈钧	1007	药学	复旦大学

— 20 —

唐浩获2015年上海市研究生优秀成果（文件）

学 校 代 码：10264

研究生学号：M110350527

上 海 海 洋 大 学
硕 士 学 位 论 文

题　目：基于海上实测和模型试验的金枪鱼
　　　　围网沉降性能分析

英文题目：Analysis on sinking performance
　　　　of tuna purse seine by sea
　　　　trials and model test

专　业：　　　　渔业

研究方向：　　　渔具渔法

姓　名：　　　　唐浩

指导教师：　　　许柳雄教授

二〇一四年四月四日

唐浩获 2015 年上海市研究生优秀成果（学位论文封面）

二十九、博士研究生培养中的学科研究

自 2000 年学校获得博士学位授予权到 2018 年，学校培养的捕捞学博士研究生在渔具渔法、远洋渔业系统集成、渔业工程、鱼类行为学等方向进行研究，并形成相应的研究成果（博士学位论文），具体如下：

（一）研究方向：渔具渔法

博士论文题目：《鱿钓渔业中集鱼灯的优化配置研究》
博士研究生：钱卫国
指导教师：孙满昌教授

博士论文题目：《网片的三维力学模型研究及应用》
博士研究生：袁军亭
指导教师：周应祺教授

博士论文题目：《多囊捕虾桁拖网渔具选择性研究》
博士研究生：张健
指导教师：孙满昌教授

博士论文题目：《中层拖网数值模拟及可视化研究》
博士研究生：李玉伟
指导教师：周应祺教授

博士论文题目：《基于数值模拟的金枪鱼围网性能的研究》
博士研究生：周成
指导教师：许柳雄教授

博士论文题目：《南极磷虾中层拖网性能研究》

博士研究生：徐鹏翔

指导教师：许柳雄教授

博士论文题目：《金枪鱼围网网具水动力特性及沉降性能研究》

博士研究生：唐浩

指导教师：许柳雄教授

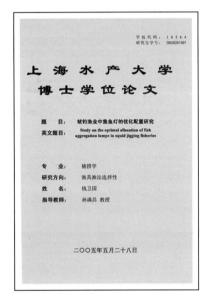

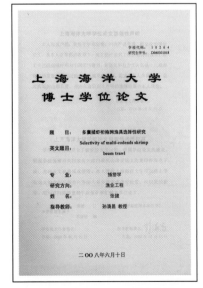

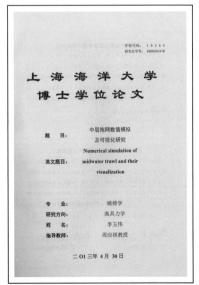

渔具渔法方向博士学位论文封面

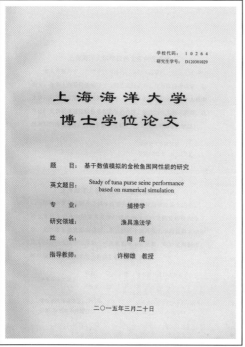

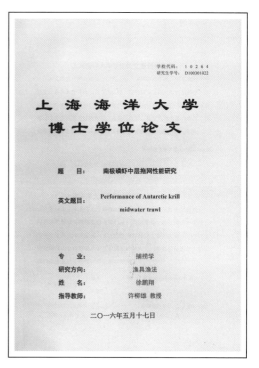

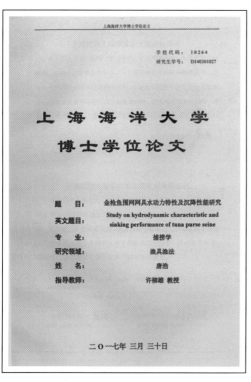

渔具渔法方向博士学位论文封面

（二）研究方向：远洋渔业系统集成

博士论文题目：《西太平洋柔鱼资源评价及其与海洋环境关系》

博士研究生：田思泉

指导教师：周应祺教授、陈新军教授

博士论文题目：《热带水域大眼金枪鱼渔业生物学研究》

博士研究生：朱国平

指导教师：周应祺教授

博士论文题目：《印度洋大眼金枪鱼栖息环境综合指数
——基于延绳钓渔业调查数据》

博士研究生：宋利明

指导教师：周应祺教授

博士论文题目：《西北印度洋金枪鱼和鸢乌贼资源的时空变化》

博士研究生：杨晓明

指导教师：周应祺教授

博士论文题目：《漂流人工集鱼装置对中西太平洋鲣鱼生态影响的评估》

博士研究生：王学昉

指导教师：孙满昌教授、许柳雄教授

博士论文题目：《基于海洋遥感影像的中尺度涡自动识别及与渔场动态关系研究》

博士研究生　杜艳玲

指导教师：黄冬梅教授

博士论文题目：《南奥柯尼群岛海域南极磷虾声学评估》

博士研究生：王腾

指导教师：许柳雄教授

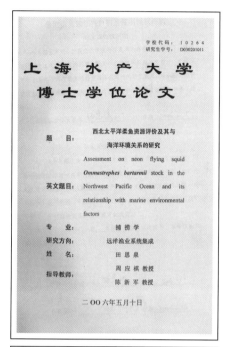

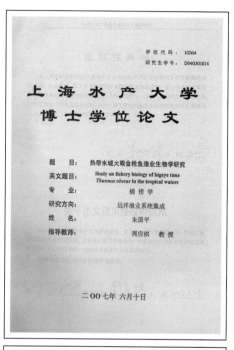

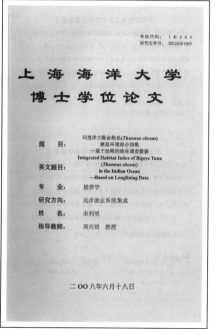

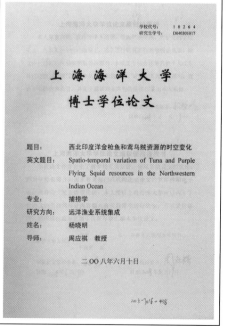

远洋渔业系统集成方向博士学位论文封面

学校代码： 10264
研究生学号： D090301019

上 海 海 洋 大 学
博 士 学 位 论 文

题　　目：漂流人工集鱼装置对中西太平洋鲣鱼生态影
响的评估
英文题目：Evaluation of ecological impacts of drifting
Fish Aggregtion Devices (FADs) on skipjack
Katsuwonus pelamis in the Western and
Central Pacific Ocean

专　　业：捕捞学
研究领域：远洋渔业系统集成
姓　　名：王学昉
指导教师：孙满昌 教授　许柳雄 教授

二〇一二年 十二月 三十日

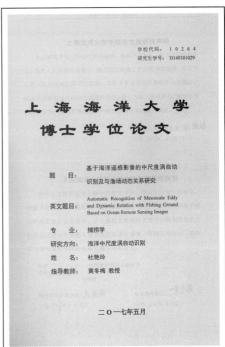

学校代码： 1 0 2 6 4
研究生学号： D140301029

上 海 海 洋 大 学
博 士 学 位 论 文

题　　目：基于海洋遥感影像的中尺度涡自动
识别及与渔场动态关系研究
英文题目：Automatic Recognition of Mesoscale Eddy
and Dynamic Relation with Fishing Ground
Based on Ocean Remote Sensing Images

专　　业：捕捞学
研究方向：海洋中尺度涡自动识别
姓　　名：杜艳玲
指导教师：黄冬梅 教授

二〇一七年五月

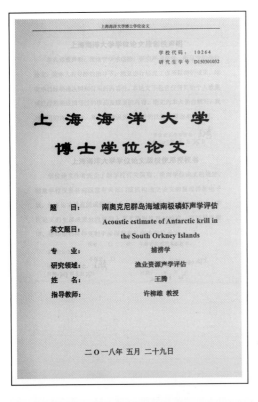

学校代码： 1 0 2 6 4
研究生学号 D150301032

上 海 海 洋 大 学
博 士 学 位 论 文

题　　目：南奥克尼群岛海域南极磷虾声学评估
英文题目：Acoustic estimate of Antarctic krill in
the South Orkney Islands

专　　业：捕捞学
研究领域：渔业资源声学评估
姓　　名：王腾
指导教师：许柳雄 教授

二〇一八年 五月 二十九日

远洋渔业系统集成方
向博士学位论文封面

（三）研究方向：渔业工程

博士论文题目：《人工鱼礁生态效应研究》
博士研究生：张硕
指导教师：孙满昌教授

学校代码：10264
研究生学号：D030201012

上 海 水 产 大 学
博 士 学 位 论 文

题　　目：　人工鱼礁生态效应研究
英文题目：　**Study on the ecological effect of artificial reef**
专　　业：　捕 捞 学
研究方向：　渔业工程
姓　　名：　张 硕
指导教师：　孙满昌　教授

二OO六年·六月二十日

渔业工程方向博士学位论文封面

（四）研究方向：鱼类行为学

博士论文题目：《大黄鱼声诱集行为反应与机理研究》

博士研究生：殷雷明

指导教师：陈雪忠研究员

博士论文题目：《鱼类听觉能力研究》

博士研究生：邢彬彬

指导教师：许柳雄教授

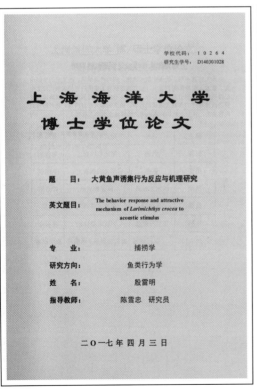
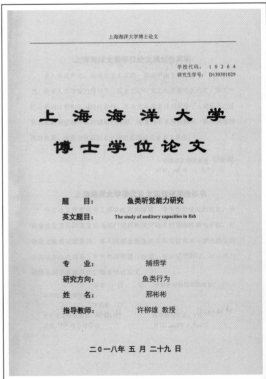

鱼类行为学方向博士学位论文封面

三十、21 世纪新编主要教材

进入 21 世纪以来，学校在重点学科建设过程中利用各种项目经费，组织有关教师编写了大量的专业教材。学校档案馆馆藏相关教材如下。

（一）2001 年，周应祺主编，许柳雄、何其渝编著《渔具力学》

2018 年，周应祺、许柳雄主编《渔具力学》（修订版）

（二）2001 年，季星辉主编的《国际渔业》

（三）2004 年，陈新军主编的《渔业资源与渔场学》

（四）2004年，许柳雄主编的《渔具理论与设计学》

（五）2005 年，孙满昌主编的《海洋渔业技术学》

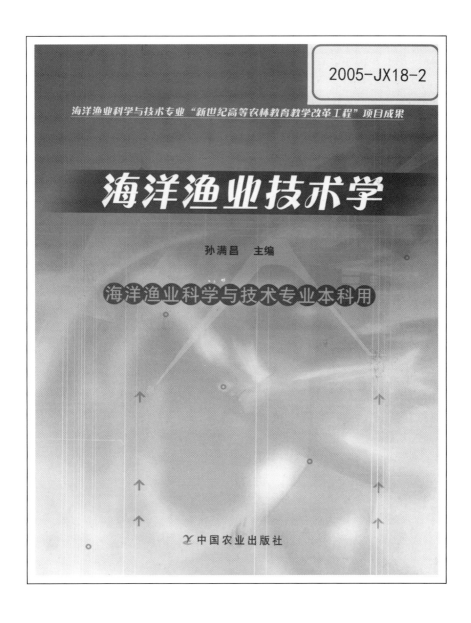

（六）2009 年，孙满昌主编的《渔具材料与工艺学》

（七）2010 年，周应祺主编的《渔业导论》

2018 年，陈新军、周应祺主编的《渔业导论》（修订版）

（八）2010年，黄硕琳、唐议主编的《渔业法规与渔政管理》

（九）2011 年，周应祺主编的《应用鱼类行为学》

（十）2012 年，孙满昌主编的《海洋渔业技术学》（第二版）

（十一）2014 年，宋利明主编的《航海学》

（十二）2014年，宋利明编著、周应祺主审的《航海英语》

（十三）2014 年，孙满昌、邹晓荣主编的《海洋渔业技术学》

（十四）2017 年，宋利明主编的《渔具测试》

（十五）2017年，宋利明主编的《实用远洋渔业英语》

三十一、21 世纪科学研究专著

在执行国家科技部"863"项目、科技支撑项目和农业农村部远洋渔业资源探捕等项目过程中，学校捕捞学教师利用海上调查收集的有关数据，结合有关文献资料，经过多年的分析和总结，出版了一批有关海洋渔业科学研究专著。此外，还出版了与捕捞学相关的渔业管理研究专著。学校档案馆馆藏主要专著如下：

一、海洋渔业科学研究专著

（一）2011 年，张敏、邹晓荣主编的《大洋性竹筴鱼渔业》

（二）2011年，朱孔文、孙满昌、张硕等编著的《海洲湾海洋牧场——人工鱼礁建设》

（三）2014年，宋利明编著的《大眼金枪鱼栖息环境综合指数研究》

（四）2015年，宋利明编著的英文专著《ENVIRONMENTAL BIOLOGY OF FISHES AND GEAR PERFORMANCE IN THE PELAGIC TUNA LONGLINE FISHERY》（《金枪鱼延绳钓渔业中鱼类环境生物学和渔具性能》）

（五）2017年，朱清澄、花传祥编著的《西北太平洋秋刀鱼渔业》

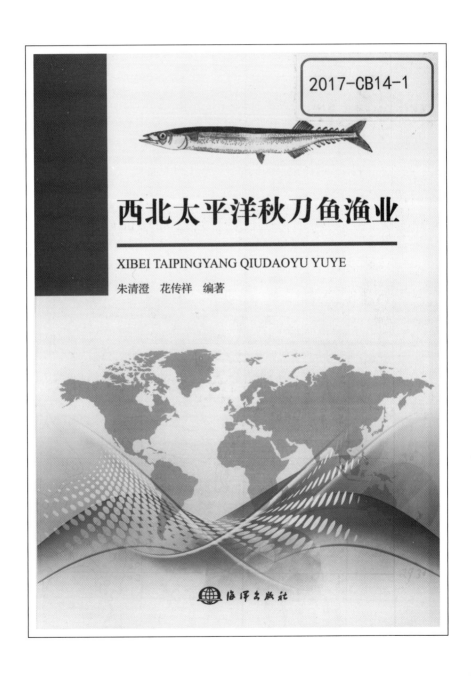

二、渔业管理研究专著

（一）2007年，郭文路、黄硕琳主编的《南海渔业资源区域合作管理研究》

（二）2009 年，黄硕琳、郭文路主编的《部分国家和地区渔业管理概况》

三十二、开展国际合作教学实践活动

为了加强教育方面的国际合作，促进教育国际化，开阔学生的国际视野，2011 年 11 月 30 日学校与俄罗斯远东国立渔业技术大学签署协议，选派师生参加俄罗斯远东国立渔业技术大学"帕拉达"（PALLADA）号航海帆船的航海训练。

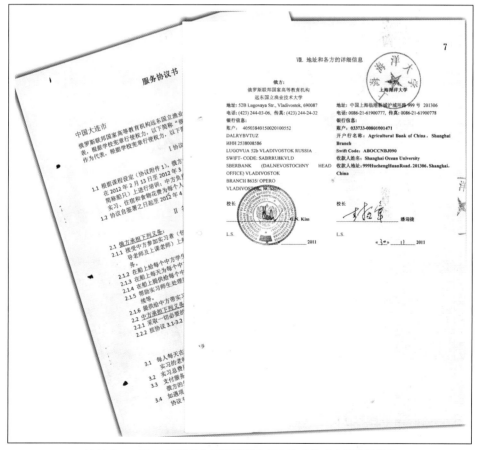

2011 年 11 月 30 日学校与俄罗斯远东国立渔业技术大学签署协议

2012 年 2 月 11 日，学校首次参与国际航海实习。海洋科学学院副教授叶旭昌及 24 名学生，登上俄罗斯远东国立渔业技术大学 PALLADA 号帆船，开始为期 21 天的航海实习。

《上海海洋大学》2012 年 2 月 29 日第 734 期进行了如下报道：

我校首次参与国际航海实习

本报讯　2 月 11 日下午，我校海洋科学学院副教授叶旭昌及 24 名学生，登上俄罗斯远东国立渔业技术大学 PALLADA 号帆船，开始为期 21 天的航海实习。副校长程裕东等出席在高阳码头举行的欢送仪式。

本次在 PALLADA 号进行的航海实习，由海洋科学学院组织实施。同学们的参与积极性很高，经过筛选，来自海洋科学学院和高职学院的 24 名学生入选。欢送仪式上，学生代表在发言中表示，要通过航海实习活动锻炼自己的实践能力和国际交流能力，进一步加强对专业的认识。并郑重承诺，一定认真完成任务，一切行动听指挥，顺利完成我校首次参与的国际性航海实习活动。

带队教师叶旭昌副教授有着丰富的海上工作经历，但此次航海实习所带学生人数多，且学生们与俄罗斯船员共同生活，语言沟通存在一定障碍。虽然面临种种困难，但叶旭昌老师依旧信心十足地表示：一定带好这支队伍，让参加航海实习的学生领略到大海的美好，增强对远洋渔业的认识。

程裕东副校长向参与此次航海的师生们提出殷切希望。希望同学们珍惜机会；不怕困难，坚定信心，牢牢把握这一国际交流机会。同时希望同学们要有团队意识，听从指挥，圆满完成我校首次参与的国际性航海实习活动，为今后开展类似实习活动打下基础。

欢送仪式上，PALLADA 号船长带领教官、船员和随船的俄罗斯学生列队欢迎，用响亮的声音喊出"你好"，顿时拉近了中俄两国学生间的距离。

（蒋莉萍）

热烈祝贺上海海洋大学师生参加 "Pallada" 航海实习圆满成功
首次参与国际性航海实习

我校首次参与国际航海实习

本报讯 2月11日下午，我校海洋科学学院副教授叶旭昌及24名学生，登上俄罗斯远东国立渔业技术大学PALLADA号帆船，开始为期21天的航海实习。副校长程裕东等出席在高阳码头举行的欢送仪式。

本次在PALLADA号进行的航海实习，由海洋科学学院组织实施。同学们的参与积极性很高，经过筛选，来自海洋科学学院和高职学院的24名学生入选。欢送仪式上，学生代表在发言中表示，要通过航海实习活动锻炼自己的实践能力和国际交流能力，进一步加强对专业的认识。并郑重承诺，一定认真完成任务，一切行动听指挥，顺利完成我校首次参与的国际性航海实习活动。

带队教师叶旭昌副教授有着丰富的海上工作经历，但此次航海实习所带学生人数多，且学生们与俄罗斯船员共同生活，语言沟通存在一定障碍。虽然面临种种困难，但叶旭昌老师依旧信心十足地表示：一定带好这支队伍，让参加航海实习的学生领略到大海的美好，增强对远洋渔业的认识。

程裕东副校长向参与此次航海的师生们提出殷切希望。希望同学们珍惜机会，不怕困难，坚定信心，牢牢把握这一国际交流机会。同时希望同学们要有团队意识，听从指挥，圆满完成我校首次参与的国际性航海实习活动，为今后开展类似实习活动打下基础。

欢送仪式上，PALLADA号船长带领教官、船员和随船的俄罗斯学生列队欢迎，用响亮的声音喊出"你好"，顿时拉近了中俄两国学生间的距离。

(蒋莉萍)

《我校首次参与国际航海实习》，《上海海洋大学》第734期（2012年2月29日）

2017 年 5 月 20 日，学校海洋科学学院海洋渔业专业的学生再次登上俄罗斯帆船"帕拉达"号，进行航海实习和交流。

《上海海洋大学》2017 年 6 月 30 日第 807 期进行如下报道：

海洋学子完成"帕拉达"号航海实习

本报讯　5 月 20 日，2014 级海洋渔业专业的学生登上了俄罗斯著名的教练帆船"帕拉达"号，开始为期 6 天从中国上海到韩国釜山的航海实习，并在着陆后赴韩国海洋大学与当地师生进行了热切交流。

在海上实习的过程中，学生们与俄罗斯学员同吃同住，积极融入船上生活，克服晕船、恐高、饮食不适应等困难，认真努力地完成了船上的学习及训练任务。同学们勤于实践、勇于探索，发扬不怕苦不怕累的海洋人精神，不仅掌握了帆船航行操作技术，还在真实条件下全面开展安全训练与爬桅杆、撑船帆、操舵、瞭望等专业实操训练。学习之余，两国学生还共同参与各种体育比赛和举办联合音乐会，在短时间内就建立了深厚的感情。

经过 6 天的航行，"帕拉达"号顺利到达韩国釜山港。5 月 26 日，学生赴韩国海洋大学进行交流。韩国海洋大学是一所以航运、物流、海洋、交通运输学科为特色的韩国国立大学。通过参观韩国海洋大学校园及其校内博物馆、观看相关影像资料，同学们深入感受其独特的校园文化。海洋科学学院副院长胡松代表学校做了有关上海海洋大学海洋学科发展现状的报告，随后全体师生聆听韩国海洋大学海洋科学系张太洙、都基直、金亨锡三位教授对于全球气候变化，海岸沉积物输运，近海环境等的学术报告，中韩师生也借此机会相互探讨、交流，获益匪浅。

在此次实践交流的过程中，海渔学子刻苦学习、不畏艰辛、迎难而上，充分发挥了我校"勤朴忠实"的校训精神。"帕拉达"号航海实习，是与国际合作的专业教学活动，大大提升了实习教学的质量，丰富了课外实践活动的内涵。同时也是一次极具意义的国际交流活动，很大程度地拓展了同学们的国际视野。赴韩国海洋大学交流，促进了两国海洋高校的沟通与理解，相互展示不同的校园文化，维系两校师生情谊。在今后的教学发展中，我校将继续组织开展此类实践活动，有效提高同学们的综合素质，令同学们在亲身体验中感受到海洋文化的魅力，树立远大的海洋理想。

（海洋科学学院）

海洋学子完成"帕拉达"号航海实习

　　本报讯 5月20日，2014级海洋渔业专业的学生登上了俄罗斯著名的教练帆船"帕拉达"号，开始为期6天从中国上海到韩国釜山的航海实习，并在着陆后赴韩国海洋大学与当地师生进行了热切交流。

　　在海上实习的过程中，学生们与俄罗斯学员同吃同住，积极融入船上生活，克服晕船、恐高、饮食不适应等困难，认真努力地完成了船上的学习及训练任务。同学们勤于实践、勇于探索，发扬不怕苦不怕累的海洋人精神，不仅掌握了帆船航行操作技术，还在真实条件下全面开展安全训练与爬桅杆、撑船帆、操舵、瞭望等专业实操训练。学习之余，两国学生还共同参与各种体育比赛和举办联合音乐会，在短时间内就建立了深厚的感情。

　　经过6天的航行，"帕拉达"号顺利到达韩国釜山港。5月26日，学生赴韩国海洋大学进行交流。韩国海洋大学是一所以航运、物流、海洋、交通运输学科为特色的韩国国立大学。通过参观韩国海洋大学校园及其校内博物馆、观看相关影像资料，同学们深入感受其独特的校园文化。海洋科学学院副院长胡松代表学校做了有关上海海洋大学海洋学科发展现状的报告，随后全体师生聆听韩国海洋大学海洋科学系张太洙、都基直、金亨锡三位教授对于全球气候变化、海岸沉积物输运、近海环境等的学术报告，中韩师生也借此机会相互探讨、交流，获益匪浅。

　　在此次实践交流的过程中，海渔学子刻苦学习、不畏艰辛、迎难而上，充分发挥了我校"勤朴忠实"的校训精神。"帕拉达"号航海实习是与国际合作的专业教学活动，大大提升了实习教学的质量，丰富了课外实践活动的内涵。同时也是一次极具意义的国际交流活动，很大程度地拓展了同学们的国际视野。赴韩国海洋大学交流，促进了两国海洋高校的沟通与理解，相互展示不同的校园文化，维系两校师生情谊。在今后的教学发展中，我校将继续组织开展此类实践活动，有效提高同学们的综合素质，令同学们在亲身体验中感受到海洋文化的魅力，树立远大的海洋理想。

（海洋科学学院）

《海洋学子完成"帕拉达"号航海实习》，《上海海洋大学》第807期（2017年6月30日）

三十三、哪里有中国远洋渔业船队　哪里就有海大师生的足迹

1985 年中国远洋渔业刚起步，学校就派出一批海洋捕捞等专业师生参与远洋渔业开发和研究。此后，一批又一批海大师生投入到中国远洋渔业的实践和研究，为中国远洋渔业的开创和发展做出了重要贡献。

为纪念中国远洋渔业创建 30 周年，2015 年 3 月 30 日，由农业部主办的中国远洋渔业 30 周年座谈会在北京举行。中央有关部门领导，老同志代表，农业部有关司局和事业单位领导，有关省、市、自治区渔业主管，水产科研教学单位等参加座谈会。学校校长程裕东、原校长乐美龙、周应祺、潘迎捷、王尧耕教授及部分从事远洋渔业工作的教授参加会议。国务院副总理汪洋出席会议并作重要讲话，会议由农业部部长韩长赋主持。

在《上海海洋大学》2015 年 5 月 25 日第 776 期中报道了校长程裕东在中国远洋渔业 30 周年座谈会上的发言如下：

哪里有远洋渔业船队，哪里就有海大人足迹

上海海洋大学校长　程裕东

30 年前，伴随着国家改革开放，我国海洋渔业实施战略转移，跨出国门，走向远洋。30 年来，众多教育和科研单位，齐心协力、攻坚克难，为国家远洋渔业事业的发展和壮大、海洋权益维护提供了重要的技术和人才支撑。

上海海洋大学是最早参与我国远洋渔业实践的高校。1984 年底，学校领导就参与商讨拟赴西非中东大西洋发展远洋渔业工作。1985 年 3 月 10 日，福州马尾港出发的第一支中国远洋捕鱼船队中，就有我校教师参与领航。从此，一批又一批海大师生投入我国远洋渔业实践、他们搏浪天涯，奉献了青春和热血。30 年

来，学校与中水、上水等几十家企业紧密合作，协同创新，先后在大西洋、太平洋、印度洋和南极附近海域和船员一道开辟新渔场、开发新资源、研制新渔具、创新新技术，特别是在西非双支架拖网渔具的设计应用，使我国远洋渔业企业扭亏为盈，开创了西非生产的新局面。北太平洋鱿鱼钓技术的应用，使我国近百家近海渔业企业焕发生机，开辟了捕捞生产新途径。东南太平洋竹筴鱼、柔鱼渔场资源的开发，显示了渔业科技的实力与水平；数百人次的海大专家教授受命参加政府间渔业谈判和区域性渔业管理组织会议，为维护我国海洋权益贡献才智；一批批海大毕业生经过磨练，成为远洋渔业领域的技术骨干；一批批经海大培训的船员和从业人员坚守在远洋渔业第一线，成为企业的技术骨干和管理中坚。我们可以自豪地说，哪里有中国远洋渔业船队，哪里就有上海海洋大学师生的足迹，努力践行着"勤朴忠实"的校训精神。

102年前，学校创办者张謇先生就提出："渔权（界）所至，海权所在也"，学校为维护国家海权而生。远洋渔业发展30年，是我校探索远洋渔业人才培养和教育改革的30年，是我校探索远洋渔业人才培养和教育改革的30年。学校联合政府和企业，成立远洋渔业学院，创新人才培养新模式，为国家远洋渔业战略培养技术人才。学校坚持"将论文写在世界的大海大洋和祖国的江河湖泊"上，远洋渔业学科也伴随了远洋渔业事业的发展得到迅速发展，成为全国高校中"政、产、学、研"合作发展的典型范例。

在推进海洋强国建设的实践中，在实施"一带一路"战略的构建中，在维护国家海洋权益的进程中，远洋渔业将会继续发挥其独特作用，扮演先行军的角色。世界海洋渔业资源已进入管控时代，远洋渔业面临着产业转型升级、国际竞争的双重挑战，与发达国家相比，科技和人才仍是制约我国远洋渔业发展的主要瓶颈，我们的工作艰巨而繁重。

为适应现代远洋渔业发展的需求，2012年，学校与中国水产科学研究院、中国水产总公司、中国远洋渔业协会等共同建设2011远洋渔业协同创新中心，以进一步提升我国对海洋渔业资源的认知能力、开发能力、掌控能力和专业人才培养能力，提高我国在大洋渔业资源获取中的竞争力。衷心希望国家各部委和各级领导对中心的建设与发展，继续给予关心和支持。未来，我们将继续围绕国家战略和产业的重大需求，密切与政府和企业合作，积极服务我国远洋渔业事业，为建设远洋渔业强国做出新的更大的贡献。

（本文为作者在中国远洋渔业30周年座谈会上的发言）

2015 年 5 月 25 日　　　上海海洋大学　　　纪念中国远洋渔业 30 周年　·3·

哪里有远洋渔业船队，哪里就有海大人足迹

上海海洋大学校长　程裕东

30 年前，伴随着国家改革开放，我国海洋渔业实施战略转移，跨出国门，走向远洋。30 年来，众多教育和科研单位，齐心协力，攻坚克难，为国家远洋渔业事业的发展和壮大、海洋权益维护提供了重要的技术和人才支撑。

上海海洋大学是最早参与我国远洋渔业实践的高校。1984 年底，学校领导就参与商讨拟赴西非中东大西洋发展远洋渔业工作。1985 年 3 月 10 日，福州马尾港出发的第一支中国远洋捕鱼船队中，就有我校教师参与领航。从此，一批又一批海大师生投入我国远洋渔业实践，他们搏浪天涯，奉献了青春和热血。30 年来，学校与中水、上水等几十家企业紧密合作，协同创新，先后在大西洋、太平洋、印度洋和南极附近海域和船员一道开辟新渔场、开发新资源、研制新渔具、创新新技术，特别是在西非双文架拖网渔具的设计应用，使我国远洋渔业企业扭亏为盈，开创了西非生产的新局面。

北太平洋鱿鱼钓技术的应用，使我国近百家近海渔业企业焕发生机，开辟了捕捞生产新途径。东南太平洋竹筴鱼、柔鱼渔场资源的开发，显示了渔业科技的实力与水平；数百人次的海大专家教授受命参加政府间渔业谈判和区域性渔业管理组织会议，为维护我国海洋权益贡献才智；一批批海大毕业生经过磨练，成为远洋渔业领域的技术骨干；一批批经海大培训的船员和从业人员坚守在远洋渔业第一线，成为企业的技术骨干和管理中坚。我们可以自豪地说，哪里有远洋渔业船队，哪里就有上海海洋大学师生的足迹，努力践行着"勤朴忠实"的校训精神。

102 年前，学校创办者张鏐先生就提出："渔权所至，海权所在也"，学校为维护国家海权而生。远洋渔业发展 30 年，是我校探索远洋渔业人才培养和教育改革的 30 年，是政产学研紧密合作发展丰硕成果的 30 年。学校联合政府和企

1985 年，从福建马尾出发，远见高兴的海大学子

业，成立远洋渔业学院，创新人才培养新模式，为国家远洋渔业战略培养技术人才。学校坚持"将论文写在世界的大海大洋和祖国的江河湖泊上"，远洋渔业学科也伴随着远洋渔业事业的发展得到迅速发展，成为全国高校中"政、产、学、研"合作发展的典型范例。

在推进海洋强国建设的实践中，在实施"一带一路"战略的构建中，在维护国家海洋权益的进程中，远洋渔业将会继续发挥其独特作用，扮演先行军的角色。世界海洋渔业资源已进入管控时代，远洋渔业面临着产业转型升级、国际竞争的双重挑战，与发达国家相比，科技和人才仍是制约我国远洋渔业发展的主要瓶颈，我们的工作艰巨而繁重。

为适应现代远洋渔业发展的需求，2012 年，学校与中国水产科学研究院、中国水产总公司、中国远洋渔业协会等共同建设 2011 远洋渔业协同创新中心，以进一步提升我国对远洋渔业资源的认知能力、开发能力、掌控能力和专业人才培养能力，提高我国在大洋渔业资源获取中的竞争力。衷心希望国家各部委和各级领导对中心的建设与发展，继续给予关心和支持。未来，我们将继续围绕国家战略和产业的重大需求，密切与政府和企业合作，积极服务我国远洋渔业事业，为建设远洋渔业强国做出新的更大的贡献。

（本文为作者在中国远洋渔业 30 周年座谈会上的发言）

《哪里有远洋渔业船队，哪里就有海大人足迹》，
《上海海洋大学》第 776 期（2015 年 5 月 25 日）

三十四、"淞航"号远洋渔业资源调查船

为纪念学校于 1916 年建成的第一艘渔捞实习船"淞航"号，学校决定将 2017 年建成的远洋渔业资源调查船命名为"淞航"号，见下图：

"淞航"号远洋渔业资源调查船

"淞航"号远洋渔业资源调查船于 2015 年 10 月开建，2017 年 11 月首航。该船满载排水量 3271.4 吨。船体总长 85 米，船宽 14.96 米，型深 8.7 米，满载吃水 4，95 米。国际无限航区（B 级冰区加强），主要作业海域包括西北太平洋、东南太平洋、西南大西洋等。最大航速 15 节，巡航速度 12 节，续航力 10000 海里，自持力 60 昼夜。

"淞航"号远洋渔业资源调查船集拖网、围网和鱿钓等三种渔捞作业方式和海洋科考功能于一身。配备渔业资源调查和海洋水文两大科考调查系统，具有底拖网与变水层拖网（最大作业水深可达近 2000 米）、金枪鱼延绳钓和灯光鱿鱼钓等调查作业能力。配有鱼探仪、深浅海 ADCP 等，也可进行定点或走航式海洋环境参数连续探测、海面常规气象连续探测、海底地形地貌探测，并实现船岸数据传输与处理，满足全方位科考调查需求。此外，还配备有 DP1 动力定位系统，能在 4 级海况下进行渔业调查和科考作业。该船设有海洋生物实验室、水文生化实验室、通用实验室和调查监控中心等实验室；能实现 6000 米水深 CTD 水文调查和 1500 米水深底栖生物与底泥取样，并配备有双波段卫星遥感，自动气象站、浅地层剖面仪等。

"淞航"号远洋渔业资源调查船主要承担金枪鱼、鱿鱼、竹笂（筴）鱼及南极磷虾等重要远洋渔业资源调查研究任务，承担国家远洋渔业资源调查和新渔场开发任务，承担国家远洋捕捞中底拖网、变水层拖网、金枪鱼延绳钓、灯光鱿鱼钓以及新型渔捞作业方式的研究工作，承担大洋环境观测和遥感数据接收分析工作。

三十五、远洋渔业国际履约研究中心成立

在中国参与全球及区域渔业治理进程中，上海海洋大学远洋渔业履约团队围绕国家远洋渔业方针、政策，在农业农村部的指导下，充分发挥学科优势，发挥专家、学者特长，积极参加相关国际渔业磋商与履约谈判，维护中国合法远洋渔业权益。

为了进一步提升远洋渔业履约团队的综合实力，提升中国履行全球性、区域性或双边渔业条约义务的能力，深化学科建设内涵，彰显学科功能，为维护中国渔业权益提供智力支撑，服务国家海洋战略，2017 年 9 月 23 日，由上海海洋大学与中国远洋渔业协会合作成立的远洋渔业国际履约研究中心在上海海洋大学正式揭牌。

在《上海海洋大学》2017 年 9 月 30 日第 809 期中对此进行了如下报道：

远洋渔业国际履约研究中心揭牌仪式在我校举行

本报讯 9 月 23 日，上海海洋大学与中国远洋渔业协会共建的"远洋渔业国际履约研究中心"揭牌仪式在我校举行。农业部渔业渔政管理局副局长刘新中、远洋渔业处处长赵丽玲、国际合作与周边处处长孙海文；校长程裕东，党委副书记、副校长汪歆萍，有关职能部门和海洋科学学院领导、教师和研究生代表出席仪式。仪式由学校科技处处长杨正勇主持。

程裕东代表学校对与会的领导表示欢迎和感谢。他回顾了我校师生参与国家远洋渔业建设和发展的历史，在农业部渔业渔政局的指导下，上海海洋大学和中国远洋渔业协会共建远洋渔业国际履约研究中心。希望通过国际履约研究中心的建设，进一步深化学科建设内涵、彰显学科功能，提升我国远洋渔业履约团队的综合实力，更好地维护我国远洋渔业权益，服务国家海洋战略。

刘新中对我校水产学进入一流学科建设以及远洋渔业国际履

约研究中心的成立表示祝贺。他介绍了远洋渔业国际履约研究中心成立的背景和意义，希望研究中心在深入研究的基础上对现有国际渔业规则进行解析，同时注重锻炼、培养人才，让更多的人到国际渔业组织或区域性渔业组织中任职，并更深入地参与国际规则的制定，把中国远洋渔业履约工作推向新的发展。

中心副主任唐建业副教授介绍了远洋渔业国际履约研究中心的建设方案。

（吴　峰）

《远洋渔业国际履约研究中心揭牌仪式在我校举行》，《上海海洋大学》
第 809 期（2017 年 9 月 30 日）

水產事業與水產教育

主張

張　鏐

水產事業者何內河近海遠洋漁業也魚貝鹽藻之製造也淡水鹹水有用生物之養殖也水產教育者何就社會對於水產事業之趣向計畫授以適當之學理藝術及必要之技能智識也以言順序則事業因教育果也其繼也以教育之結果而事業益以增進果化爲而民生國計之利賴乃無窮盡日本島國也水產事業於今世推巨擘焉然日本之水產事業爲時不過三十年耳而三十年中之進步發達以近十年來爲著舊有之日型漁船逐漸減少而西洋型之漁輪年增一年國民之以此爲生者達百八十萬人水產物之輸出品歲可得四千萬圓此豈無因而至哉實惟教育之果已進於化里爲因之域也當明治維新之始日本水產會鑒於我國社會需用之重要製造品集同志斥鉅金倡設水產傳習所力謀對華貿易之擴張不五年成效大著嗣以農商務省之提攜議會之贊助不受文部省之拘束改爲水產講習所其教育方針隨

一、《水产》(第一期)(摘选)

(一)水产事业与水产教育

张　镠

本文原载于江苏省立水产学校校友会发行的《水产》第一期,民国六年十二月(1917年12月)

作者:张镠,1912年江苏省立水产学校首任校长

水产事业者何?内河近海远洋渔业也,鱼贝盐藻之制造也,淡水咸水有用生物之养殖也。水产教育者何?就社会对于水产事业之趣向计划,授以适当之学理艺术,及必要之技能知识也。以言顺序,则事业因,教育果也,其继也。以教育之结果,而事业益以增进,果化为因。而民生国计之利赖乃无穷尽。日本,岛国也,水产事业,于今世推巨擘焉。然日本之水产事业,为时不过三十年耳。而三十年中之进步发达,以近十年来为著,旧有之日本型渔船逐渐减少,而西洋型之渔轮年增一年。国民之以此为生者,达百八十万人。水产物之输出品,岁可得四千万圆,此岂无因而至哉?实惟教育之果,已进于化果为因之域也。当明治维新之始,日本水产会鉴于我国社会需用之重要制造品,集同志,斥巨金,倡设水产传习所,力谋对华贸易之扩张。不五年成效大著,嗣以农商务省之提携,议会之赞助。不受文部省之拘束,改为水产讲习所。其教育方针,随农商务省之政策为之转移。官营事业,均以讲习所之毕业生任其职务。是其始也以事业为因教育为果,其继也以教育为因事业为果。迭为因果,而进步益速,而成效益著。东西互市,太平洋之航路既开,日人又以对华贸易之政策转为对欧美政策,以卫生问题不能不藉科学之增进也。于是教育方针又为之一变。要之,彼惟事业教育迭为因果,故农商务省之政策得以指挥自如,收

伟大效用于今日耳。其他列国，水产教育虽不隶于农商务省，而事业之设施，亦不能无他项机关之联络也。

我国渔业公司开办以来，亦已十有年矣。以海岸线之长，领海面之广，例诸日本及欧美各国，事业之发展宁有既极。而乃直浙苏三校生徒甫有毕业，已有事少人多之象，是在办学者不善与事业界联络，固不可为讳。而事业界企业思想之薄弱，亦无可讳焉。吾静观之，水产业之资本家，大率闻见鄙陋，剥削为能，无商战思想，无世界知识。其受雇为捕猎者，大抵目不识丁，犷悍愚僿，匪可理喻。衣不暖，食不饱，然后轻视其生命于寒风烈雨之间，洪涛巨浸之上，为无聊之生活。故夫教育上所谓器械尤精，生物之障碍尤多，学术尤明，繁殖之保护尤密者，实均非吾国水产事业界之所能梦见。以是而处竞争之世，夫何能幸。今直苏浙三省，既欲以教育振兴事业，自应师先进国之良法，明定教育方针，广筹事业奖励，指导经营，不遗余力。务使事业界有企业之兴味，力避歧途，各趋正轨。则十年以后，现今每年之漏卮巨额，安知无挽回之希望，无如国是纷纭，经济竭蹶，事业上之设施殆绝。对无有能力农商部拟设之沿海试验场，原不过为一种通行文告，装饰门面已耳。而反观诸一二官营事业机关，竟亦无专任水产学校毕业生之规定。呜呼，较诸日本之经营政策及事业与教育相联络之关系者，相去几何矣。

虽然吾不敢谓水产教育与水产事业殆绝，望于国内也，藉曰有之。则利用学理，策励进行。以兴事业而昌教育者，果何途之从乎？爰贡管蠡，以质宏硕。

1. 远洋渔业宜特别奖励

鱼类洄游，顺潮而来。我国近海流已属分枝，鱼类亦属一小部分。本年春，泛江浙渔业公司之福海渔轮，在花鸟山之北余山之东南觅得一黄花鱼渔场，大获。可见渔场之未发现者不知凡几。而向来渔船，船体过小，不合远洋之用。亿万生物让诸他人，弥可惜也（某国拖网渔轮常见于海州洋面）。奖励提倡，愿当道亟注意之。

2. 生物种子宜设法保护

养殖事业本分繁殖，保护二途。就天产之生物，用人力辅助其生育成长，谓之繁殖。产卵时期，于产卵场所禁止渔获，谓之保护。本省佘山向有淡菜紫菜，列为上品而近来出产年减一年，品质年劣一年。推其故，惟无人力助其繁殖，实因于政府不禁止其滥渔，长此以往，行且与渤海海参呈同等惨状矣（渤海本产海参，前经某国试用拖网以致灭种）。

3. 亟设试验场以固教育之信用

学校与试验场，同一分利事业，均属官办范围。惟学校以实用为主，试验场以实利为主。实用之效远而缓，实利之果近而速。是以对于不信仰学识者之提倡，宜用实利以启发其企业思想。逮精神既奋，乃以学识纠正其不合理之作业。故教育信用以试验场而坚，社会企业以试验场而奋。而其最后之效，乃益以促进教育。呜呼，顾不重且要欤。

4. 奖助企业家以养雄浑之魄力

江浙渔业公司收买福海渔轮后，其继起者，为官商合股之府浙渔业公司。两轮获利良，不甚厚，然亦不致亏折。乃近闻府浙获资本之倍价，让诸某国商人。就目前之利息论，固可谓厚矣。若就事业言，则我国又少此一轮。夫人弃吾取，大利在后，有远大之眼光灵敏之手腕，济以雄浑之魄力，而后事业不至夭札。夭札者，国家不为之奖助故也。而今而后，吾深盼企业家之扩大其目光，尤愿政府奖助之，以养成其雄浑之魄力也。

5. 水产行政宜专用学校毕业生而毕业生应投身于生利事业

直浙苏三校之成立也，原冀学校之所成就者，得事业界有所发展。故任实业行政者，当抱定此旨，先与任教育行政者。观察本省水产状况，决定何项事务应归官营，何种职业划归民办。分析既明，教育方针即可随之而定。则学校之责任，得照省行政之计划，专心教授。管输适当之学理于生徒脑中。则毕业生自有需用之途，而生利事业自然勇于从事矣。

江苏省立水产学校校友会发行的《水产》第一期封面（1917 年 12 月）

水產事業與水產教育

產　水

主張

張鏐

水產事業者何　內河近海遠洋漁業也　魚貝鹽藻之製造也　淡水鹹水有用生物之養殖也　水產教育者何　就社會對於水產事業之趣向計畫授以適當之學理藝術及必要之技能智識也　以言順序則事業因教育果也　其繼也　以教育之結果而事業益以增進果化為因而民生國計之利賴乃無窮　蓋日本島國也　水產事業於今世推巨擘焉　然日本之水產事業為時不過三十年耳　而三十年中之進步發達以近十年來為著　舊有之日本型漁船逐漸減少　而西洋型之漁輪年增一年　國民之以此為生者達百八十萬人　水產物之輸出品歲可得四千萬圓　此豈無因而至哉　實惟教育之果已進於化果為因之域也　當明治維新之始日本水產會鑒於我國社會需用之重要製造品集同志斥鉅金倡設水產傳習所力謀對華貿易之擴張　不五年成效大著　嗣以農商務省之提攜議會之贊助　不受文部省之拘束改為水產講習所　其教育方針隨

主張

一

第　一　期

主張

二

農商務省之政策爲之轉移。官營事業。均以講習所之畢業生任其職務。是其始也以事業爲因教育爲果其繼也以教育爲因事業爲果迭爲因果而進步益速而成效益著東西互市太平洋之航路既開日人又以對華貿易之政策轉爲對歐美政策以衞生問題不能不藉科學之增進也於是教育方針又爲之一變要之彼惟事業教育迭爲因果故農商務省之政策得以指揮自如收偉大效用於今日耳其他列國水產教育雖不隸於農商務省而事業之設施亦不能無他項機關之聯絡也

我國漁業公司開辦以來亦已十有年矣以海岸線之長領海面之廣例諸日本及歐美各國事業之發展寧有既極而乃直浙蘇三校生徒甫有畢業已有事少人多之象。是在辦學者不善與事業界聯絡固不可爲諱而事業界企業思想之薄弱亦無可諉爲吾靜觀之水產業之資本家大率聞見鄙陋剝削爲能無商戰思想無世界知識其受雇爲捕獵者大抵目不識丁獷悍愚儒匪可理喻衣不暖食不飽然後輕視其生命之於寒風烈雨之間洪濤巨浸之上爲無聊之生活故夫教育事業界之障礙尤多學術尤明繁殖之保護尤密者實均非吾國水產事業界之所能夢見以是而處競爭之世夫何能幸今直蘇浙三省既欲以教育振興事業自應師先進國之良

《水产事业与水产教育》,《水产》第一期（1917 年 12 月）

水　產

法明定教育方針籌事業獎勵指導經營不遺餘力務使事業界有企業之興味力避歧途趨正軌則十年以後現今每年之漏卮巨額安知無挽回之希望無如國是紛紜經濟竭蹶事業上之設施殆絕對無有能力農商部擬設之沿海試驗場原不過爲一種通行文告裝飾門面已耳而反觀諸一二官營事業機關竟亦無專任水產學校畢業生之規定嗚呼較諸日本之經營政策及事業與教育相聯絡之關係者相去幾何矣

雖然吾不敢謂水產教育與水產事業殆絕望於國內也藉日有之則利用學理策勵進行以興事業而昌教育者果何途之從乎爰貢管蠡以質宏碩

（二）遠洋漁業宜特別獎勵　魚類洄游順潮而來我國近海潮流已屬分枝魚類亦屬一小部分本年春泛江浙漁業公司之福海漁輪在花島山之北佘山之東南覓得一黃花魚漁場大獲可見漁場之未發見者不知凡幾而向來漁船船體過小不合遠洋之用億萬生物讓諸他人彌可惜也（某國拖網漁輪常見於海州洋面）獎勵提倡願當道亟注意之

主張

（二）生物種子宜設法保護　養殖事業本分繁殖保護二途就天產之生物用人力

三

第一期

主張

四

補助其生育成長謂之繁殖。產卵時期於產卵場所禁止其濫漁獲謂之保護。本省佘山向有淡菜紫菜列為上品，而近來出產年減一年，品質年劣一年。推其故惟無人力助其繁殖，實因於政府不禁止其濫漁。長此以往行且與渤海海參呈同等慘狀矣。（渤海本產海參前經某國試用拖網以致滅種）

（三）亟設試驗場以固教育之信用。學校與試驗場同一分利事業均屬官辦範圍。惟學校以實用為主，試驗場以實利為主。於不信仰學識者之提倡，宜用實利以啓發其企業思想。逮精神既奮，乃以學識糾正其不合理之作業。故教育信用以試驗場而堅，社會企業以試驗場而奮。其最後效乃以促進教育。嗚呼顧不重且要歟。

（四）獎助企業家以養雄渾之魄力。江浙漁業公司收買福海漁輪後其繼起者為官商合股之府浙漁業公司。兩輪獲利良不甚厚，然亦不致虧折。乃近聞府浙獲資本之倍價讓諸某國商人。就目前之利息固可謂厚矣。若就事業言則我國又少此一輪。夫人棄吾取，大利在後。有遠大之眼光，靈敏之手腕，濟以雄渾之魄力，而後事業不至天札。天札者國家不為之獎助故也。而今而後吾深盼企業家之擴大其目光，尤願

《水产事业与水产教育》，《水产》第一期（1917 年 12 月）

水　產

政府獎助之以養成其雄渾之魄力也。
（五）水產行政宜專用學校畢業生而畢業生應投身於生利事業。直浙蘇三校之
成立也原冀學校之所成就者得於事業界有所發展故任實業行政者當抱定此旨。
先與任教育行政者觀營本省水產狀況決定何項事務應歸官營何種職業劃歸民
辦分析既明教育方針即可隨之而定則學校之責任得照省行政之計畫專心教授
管輸適當之學理於生徒腦中則畢業生自有需用之途而生利事業自然勇於從事
矣。

主張

五

《水产事业与水产教育》,《水产》第一期（1917 年 12 月）

（二）调查浙江对网渔业报告

张景葆

本文原载于江苏省立水产学校校友会发行的《水产》第一期，民国六年十二月（1917 年 12 月）

作者：张景葆，1916 年第一届渔捞科毕业生

　　舟山群岛，罗列海中。鱼介藻类滋至繁多，诚江浙良好之渔场也。惟渔具粗陋，交通堵塞，产额虽富，而所获无多。即渔获稍丰，则鱼价低廉，销售乏术。渔业之不振，缘是故也。一岁之中，以大小黄鱼、鲞鱼、乌贼、带鱼、海蜇等为出产大宗。馀（余）如淡菜、蛏子、蚶子、螺介、紫菜之属，产额亦富，然而采捕者寥寥无几，行销亦难。鲨鱼一类，惟闽人在沈家门设立鱼翅厂，约四五家，及定海数家而已。至其原料，多取给于延绳钓之闽船。经营鲞鱼渔业者，大率用流网，其渔场以沙尾、山东北为最大。带鱼渔业多用装饵延绳钓，渔场在嵊山浪岗附近，大都为闽人所经营。自小雪至大寒为采捕之佳期。乌贼渔业，浙人用扳网、拖网二种。设网多沿岛之山麓，日夜无间。亦用对网，然非主渔具也。经营海蜇渔业者，以泗礁山人为多。期在秋间，用草绳制网，张于海中，旦夕收取，甚（堪）称便利。云小黄鱼自正月至三月由桃花岛向嵊山而来，但今年春在花瑙山北，为江浙渔业公司福海渔轮所发见之渔场，渔获倍于他处，经营者无不利市十倍。云所用渔具，以对网船为多。大黄鱼渔期，自清明节至五月为止。渔场在大戢山、大用山、衢山附近，采捕亦以对网船为多。海底渔业自八月至翌年三月止，渔场在海礁、浪岗、花瑙附近，江浙渔业公司之渔轮即渔于此。案此网为拖网渔业之一种，利亦丰富。每岁除官利外，尚可多数千金。云黄鱼为江浙之最大渔业，其渔具大都用对网船。兹即就该网之大概，并将各渔场之位置，略图附下（见本书第 266 页图）。其他各网，较不甚重要，从略。

　　对网渔船，因二船共用一网，同行同止，故名。二船之中，载网

者谓之网船，治餐者谓之烩船，二船各设一主，然令则出之于烩船船主，此为惯例。对网船有大小之分，即因船及网之大小而分焉。大对网之船首，约有九个。而小对网船则无之。兹将其构造分述如下。

大对网，形状如裤，由一囊二翼而成。囊网之结法：自一千二百二十挂起制成圆筒形，距七挂收四目，即距三百零五挂收成三百二十挂为止，近底二寻用粗线制。翼网之结法：自六百十挂起，每挂二缘边各收半目，中央距三目加一目，至百挂或百二十挂为止。二缘边用粗线，各加六目（他翼相同）。网之寸法：囊网自四吋目起至一吋三分为止，用大小网板十五号而成。翼网则用四吋木板制成。浮子：俗名棒子，桐制（此桐树中有孔），径约四吋，厚约三吋，或径约二吋，厚约吋余，大小不等。一网需用大小浮子七十二个。沉子：俗名治子。泥制如圈，用强火烧过，成为陶器。径约一吋，厚约半吋。一网需用一千四百个。浮子纲：俗名棒网，棕制，三股右捻，上缘纲左捻。径约三分，浮子约距二尺余附一个，囊部大而两翼端渐小，共长约五十寻。沉子纲：俗名治纲，缘麻制，二股右捻，下缘纲左捻。径约三分，长约五十寻，距九吋装三个，两端用细绳紧缚。沉石：凿石砌成。有大小数种，大者约八十斤，中者约六十斤，上中者约四十斤，小者约一二十斤，最小者约数斤。如制钱，亦作沉子用。附于纲上之数，依鱼之种类、潮之缓急、水之深浅而定。如小黄鱼为下层鱼类，约在二十八寻处，风力为二潮水平时，附沉石三个。在曳纲上离纲端一寻，结附一个，再距一寻又附一个。依次渐增，至相当而止。其大小轻重，亦相机而定，无常法焉。

渔法：渔船二艘，渔夫十四人，同赴渔场，网船先将网具整叠舷侧，待潮平而下网。各系曳纲于舷侧，顺潮曳行。有风则扬帆航走，无风则摇橹前进。令网成半圆形，最为适当。越数分钟，两船相并。烩船将曳纲交与网船，而以绳缚在网船之中部，用橹前进。网船上渔夫将网起上置于舷侧，解开囊底，储鱼舱中。整理网具，为第二次下网之预备。烩船牵引网船之中部，因使二船成丁形。网船可在舷侧起网，否则恐网被水压入船底，故起网时必需牵引。盖二船同行，难则相助，乐则同欢，意至美也。

水　　　　　　　　　産

販賣法　每屆魚至成長期養殖者通知附近魚販及該地魚行乃由該行率偕魚販

同帶網具來池捕魚養魚者監督過秤其價依市價計算取值魚行乃向

各魚販限期交歇養魚者將收入款中提十分一給魚行作爲酬勞費（行用）

給食料法　魚於幼小時代食料放在池邊魚可自來取食待至數斤後池邊水淺魚

不能遊到取食法於池心以竹搭成四方形架投食料於其上以便魚食

調查浙江對網漁業報告　　　　　　　張景葆

舟山羣島羅列海中魚介藻類滋至繁多誠江浙良好之漁場也惟漁具粗陋交通阻

塞產額雖富而所獲無多卽漁獲稍豐則魚價低廉銷售乏術漁業之不振緣是故也

一歲之中以大小黃魚養魚烏賊帶魚海蟄等爲出產大宗餘如淡菜蟶子蚶子螺介

紫菜之屬產額亦富然而採捕者寥寥無幾行銷亦難鯗魚一類惟閩人在沈家門設

立魚翅廠約四五家及定海數家而已至其原料多取給於延繩釣之閩船經營鯗魚

漁業者大率用流網其漁場以沙尾山東北爲最大帶魚漁業多用裝餌延繩釣漁場

在嵊山浪崗附近大都爲閩人所經營自小雪至大寒爲採捕之佳期烏賊漁業浙人

調查

用扳網拖網二種設網多沿島之山麓日夜無間亦用對網然非主漁其也經營海蟄

十七

《调查浙江对网渔业报告》,《水产》第一期
（1917年12月）

調查

十八

漁業者以泗礁山人爲多期在秋間用草繩製網張於海中旦夕收取甚稱便利云小

黃魚自正月至三月由桃花島向嵊山而來但今年春在花瑙山北爲江浙漁業公司

福海漁輪所發見之漁場漁獲倍於他處經營者無不利市十倍云所用漁具以對網

船爲多大黃魚漁期自清明節至五月爲止漁場在大戢山大用山衢山附近採捕亦

以對網船爲多海底漁業自八月至翌年三月止漁場在海礁浪崗花瑙附近江浙漁

業公司之漁輪卽漁於此案此網爲拖網漁業之一種利亦豐富每歲除官利外尚可

多數千金云黃魚爲江浙之最大漁業其漁具大都用對網船茲卽就該網之大概并

將各漁場之位置略圖附後其他各網較不甚重要從略

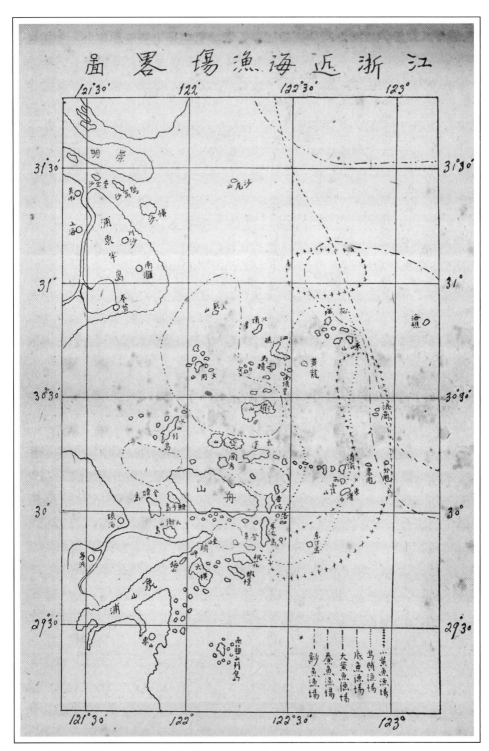

《调查浙江对网渔业报告》，《水产》第一期（1917 年 12 月）

水產

調查

對網漁船因二船共用一網同行同止故名二船之中載網者謂之網船治餐者謂之

艙船二船各設一主然令則出之於艙船主此爲慣例對網船有大小之分卽因船

及網之大小而分焉爲大對網之船首約有◎九個而小對網船則無之茲將其構造分

述如下。

大對網　形狀如褲由一囊二翼而成

囊網之結法　自一千二百二十掛起製成圓筒形距七掛收四目卽距三百零五掛

收成三百二十掛爲止近底二尋用粗線製

翼網之結法　自六百十掛起每掛二緣邊各收半目中央距三目加一目至百掛或

百二十掛爲止二緣邊用粗線各加六目（他翼相同）

網之寸法　囊網自四吋目起至一吋三分爲止用大小網板十五號而成翼網則用

四吋木板製成

浮子　俗名棒子桐製（此桐樹中有孔）徑約四吋厚約三吋或徑約二吋厚約吋餘。

大小不等一網需用大小浮子七十二個。

沉子　俗名治子泥製如圈用強火燒過成爲陶器徑約一吋厚約半吋一網需用一

十九

千四百個。

浮子綱　俗名棒綱。棕製。三股右撚。上緣綱左撚。徑約三分。浮子約距二尺餘附一個。囊部大而兩翼端漸小。共長約五十尋。

沉子綱　俗名治綱。綠麻製。二股右撚。下緣綱左撚。徑約三分。長約五十尋。距九吋裝三個。兩端用細繩緊縛。

沉石　鑿石砌成。有大小數種。大者約八十斤。中者約六十斤。上中者約四十斤。小者約一二十斤。最小者約數斤。如制錢亦作沉子用。附於綱上之數。依魚之種類潮之緩急水之深淺而定。如小黃魚爲下層魚類。約在二十八尋處。風力爲二潮水平時。附沉石三個。在曳綱上離網端一尋。結附一個。再距一尋。又附一個。依次漸增。至相當而止。其大小輕重亦相機而定。無常法焉。

浮子之結附法

沉子之結附法

《调查浙江对网渔业报告》,《水产》第一期(1917年12月)

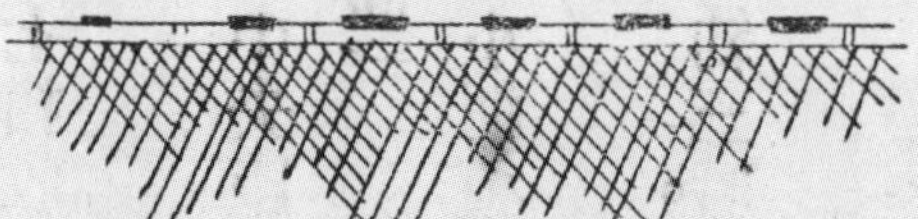

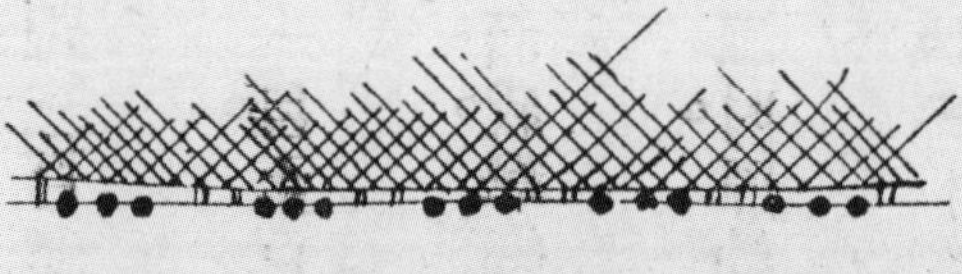

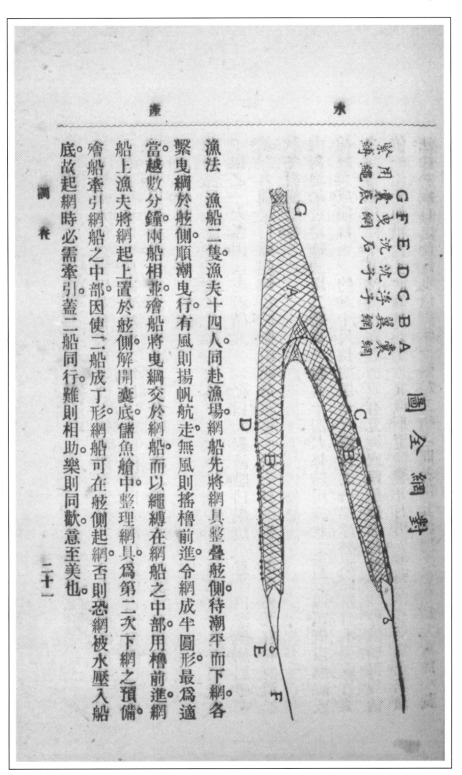

水　　　産　　　　　　　　　　　　　　　　調査

対網全圖

紧用　兼曳　沈　浮　兼　兼
衬篦　底網　右手手網網
G　F　E　D　C　B　A

漁法　漁船二隻。漁夫十四人同赴漁場。網船先將網具整叠舷側待潮平而下網。各緊曳綱於舷側順潮曳行。有風則揚帆航走。無風則搖櫓前進。令網成半圓形最爲適當。越數分鐘兩船相並。艙船將曳綱交於網船。而以繩縛在網船之中部。用櫓前進網船上漁夫將網起上置於舷側。解開囊底儲魚艙中。整理網具爲第二次下網之預備。艙船牽引網船之中部。因使二船成丁形。網船可在舷側起網。否則恐網被水壓入船底。故起網時必需牽引。蓋二船同行難則相助。樂則同歡。意至美也。

二十一

二、《江苏省立水产学校十寅之念册》(摘选)

技术部试验成绩

本文原载于《江苏省立水产学校十寅之念册》,壬戌年冬月,1922年11月

本校分渔捞、制造、养殖三科。除养殖科方始增设养殖场,尚在筹备时代外,渔捞、制造两科宜有以成绩曝布于社会。惟历年设备都以省款竭蹶,不能按照计划进行。即万不可少者,犹因陋就简,故于实验上颇觉困难。然苟可以就,藉省之经费而得以实施,习练者无不尽力设法使所学皆得收实利之效。且于学生实习外,复设技术部,为各科技术员试验各种技术之用,冀有所阐明而改良之,以为教授上之参考与实施时之准则,此区区苦衷差可告慰于社会者也。兹就技术部各种试验成绩之较可记者,略述于次,至其详细有发刊之报告(本校校友会发行之水产杂志中此类报告甚多)在,可参证焉。

(甲)渔捞科
鲚鱼棉线刺网试验

鲚鱼又名栲仔鱼,我苏渔民咸以丝网捕之。渔获虽丰,但丝价昂贵,成本太重,致利益减少。本校有鉴于此,乃用四本棉线编制同样之网,并于同时作比较试验,颇得良好结果。

今将其双方比较列表于左(下)。

种类	网价	渔获物数量	网之重量	网之耐久力
丝网	价昂	相等	较轻	易于切断
棉线网	价贱二分之一	相等	较重三分之一	质地坚韧不易切断

观上表祈述，棉线网价既低廉且不易切断，是较胜于丝网。虽质量稍重，但于江河内作业关系甚少，故用棉线网捕之得认为良好渔具。

大黄鱼轮船对网试验

江浙沿海除轮船拖网外，一般浮游鱼类多用对网捕之。渔获虽丰，惟每因风潮之关系，常不能顺意作业，诚为憾事。本校自"海丰"实习船建造后，乃与"淞航"实习船作大黄鱼轮船对网试验，历二年得认为良好渔具。兹将其较帆船对网优胜之点述于左（下）。

（1）选择渔场便利。

（2）不受风潮之牵制，出港入港便利。因之，鱼类出售时，鱼价得以较昂。

（3）因曳引力较大，故网具可增大数倍。

（4）起网下网困难时，可藉机械力操纵之。

（5）风潮反对方向而风力大，或风潮同方向速力均大时，则帆船对网作业困难，或竟不能作业，而轮船对网仍能照常作业。

其他各种渔业之试验

民国五年，试验小对船渔业、乌贼拖网、鰳鱼扳网、流网。民国七年，建造大对渔船二艘，试验旧式大对网之黄花鱼、带鱼、大黄鱼诸渔业并添建"海丰"渔船试验手缲网及各种流网、延绳钓等。

网线腐败试验

网线原料种类甚多。普通所使用者为大麻、白棕、棉线、蒿绳、棕榈等数种，其腐败程度各不相同。即同种原料亦以产地、采□时期、制造方法等而有迟速，在使用上，又因水温、水质、水层、染料之种类、浸水之时间等而异。是以欲知其腐败状态断非□恃理想所能推测。本校于九年十月起至十年十一月止，继续试验比较得失，以备参考。所得结果另具报告。

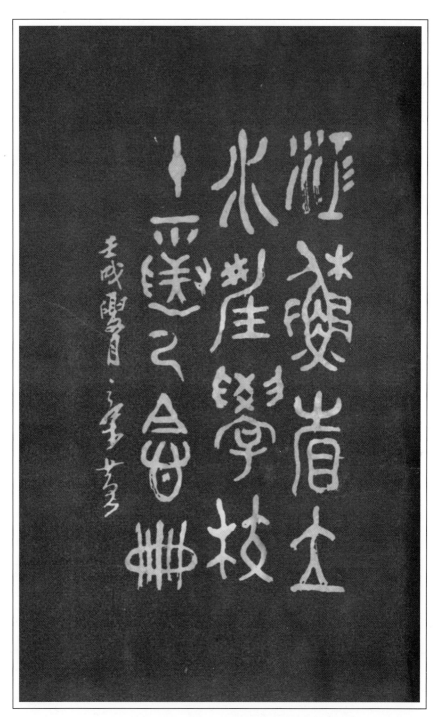

《江苏省立水产学校十寅之念册》封面（1922年11月）

技術部試驗成績

本校分漁撈製造養殖三科除養殖科方始增設養殖場尚在籌備時代外漁撈製造兩科宜有以成績曝布於社會惟歷年設備都以款竭不能按照計劃進行卽萬不可少者猶因兩就簡故於實驗上頗覺困難然苟可以就藉省之經費而得以實施習練者無不盡力設法使所學皆得收實利之效且於學生實習外復設技術部爲各科技術員試驗之用冀有所闡明而改良之以爲教授上之參效與實施時之準則此區區苦衷差可告慰於社會者也茲就技術部各種試驗成績之較可記者略述於次至其詳細有發刊之報告(本校校友會發行之水產雜誌中此類報告甚多)在可參證焉

（甲）漁撈科

(一) 鱇魚棉綫刺網試驗

鱇魚又名栲仔魚我蘇漁民咸以絲網捕之漁獲雖豐但絲價昂賞成本太重致利益減少本校有鑒於此乃用四本棉綫編製同樣之網并於同時作比較試驗頗得良好結果今將其雙方比較列表於左

種類	網價	漁獲物數量	網之重量	網之耐久力
棉綫網	價賤二分之一	相等	較重三分之一	質地堅靭不易切斷
絲網	價昂	相等	較輕	易於切斷

觀上表所述棉綫網價旣低廉且不易切斷是較勝於絲網雖質量稍重但於江河內作業關係甚少故用棉綫網捕之得認爲良好漁具矣

技術部試驗成績

二

技術部試驗成績

大黃魚輪船對網試驗

江浙沿海除輪船拖網外一般浮游魚類多用對網捕之漁獲雖豐惟每因風潮之關係常不能順意作業誠為憾事本校自海豐實習船建造後乃與淞航實習船作大黃魚輪船對網試驗歷二年得認為良好漁具茲將其較帆船對網優勝之點述於左

於左

(1) 選擇漁場便利

(2) 不受風潮之牽制出港入港便利因之魚類出售時魚價得以較昂

(3) 因曳引力較大故網具可增大數倍

(4) 起網下網困難時可藉機械力操縱之

(5) 風潮反對方向而風力大或風潮同方向速力均大時則帆船對網作業困難或竟不能作業而輪船對網仍能照

(甲) 常作業

其他各種魚業之試驗

民國五年試驗小對船漁業烏賊拖網勒魚扳網流網民國七年建造大對漁船二隻試驗舊式大對網之黃華魚帶魚大黃魚諸漁業並添建海豐漁船試驗手繰網及各種流網延繩釣等

網線腐敗試驗

網線原料種類甚多普通所使用者為大麻白棕棉線藁繩棕梠等數種其腐敗程度各不相同即同種原料亦以產地拉⋯⋯

特用製造歷次⋯⋯

《技术部实验成绩》,《江苏省立水产学校十寅之念册》(1922年11月)

三、《水产学生》(江苏省立水产学校学生会月刊第一期)(摘选)

拖网渔轮实习报告

吴剑柔

本文原载于江苏省立水产学校学生会月刊第一期《水产学生》,民国十八年十一月,1929 年 11 月

作者:吴剑柔,1930 年第十四届渔捞科毕业生

导 言

吾人欲营一事,若仅恃学理,而乏实际上之经验,则不切实用,势难成功,故学理与实验必相辅而行,方能期成也。

余等研究水产,已二年于兹,关于学理方面,自问略有头绪,实地练习,则本学期尚待开始。又考我国渔业,其最重要而最有发达希望者,厥惟轮船拖网渔业;故吾级有此次拖网渔轮实习之举也。此次实习,以一月为期,全班二十人,分为三组:郑君官合、纪君乃伦、张君善同为一组,上沪中华轮;陈君亚杰、蔡君燕阁及余三人为一组,上宁波镇宁轮;其余诸同学,则上集美第二号。一月以后,必可多得一番见识也。

四月八日 星期一 晴

上午整理行装,下午一时赴沪搭新北京轮,五时解缆离埠,未几经淞口,适有同学散步江边,余等挥帽高呼,彼等亦扬巾相送,行渐远矣,余等犹伫立相望,不胜依依。

四月九日 星期二 晴

晨五时抛锚镇海外,七时进口,未几经镇海,地当甬江入口之处,有炮台筑于其外小岛上,形式颇为险要,江中渔舟甚多,两旁冰窖林立,可见其地渔业之盛,九时抵甬,往访镇宁轮所属之源源渔业公司经理刘清泉先生,蒙彼招待殷勤,以该轮适于前日出渔,嘱余等

暂住该公司内，以待镇宁之归港。源源公司经理刘君，办事颇有经验，除创立渔业公司外，又设宁海商轮局及源泉煤号，商轮共三艘，载重四五百吨，航行舟山群岛一带，将来之发达，未可限量也。

四月十日　星期三　晴

今日游历宁波城厢内外，宁波为五口通商之一，当甬江余姚江会合之处，占地颇大，分江北岸、江东岸及城内三部，有浮桥二座，以利交通，江北岸多栈房码头及轮船公司，为交通机关蒐集之所，城内商业繁盛，大商店多在焉。甬地虽为浙江最大之商埠，但街道狭窄，市政不良，实有改良之必要，物产以海产为大宗，大工业除一面粉厂外，未见其他，盖此地为咸水港故耳。

四月十一日　星期四　阴

刘经理因镇宁尚有数日进口，乃介绍余等至定海浙江水产学校参观，晨八时搭该公司新宁海轮前住，午后一时抵该校。是校校舍均为新筑，现尚在继续建造之中，学生共一百二十余人，分本科及职工二科。职工科又可分为渔捞及制造，附设模范工厂，制造贝扣及罐头食品，并参观陈列西湖博览会之出品，均为贝壳所制各物，极为精致，与舶来品无异。此校颇有扩充之希望，闻铁壳手操网渔轮，正在建造，尚有其他发展计划云。午后三时课毕，学生均集操场运动，或球类，或田径赛，无一出外逃避者，殊可佩也。

四月十二日　星期五　晴

上午游定海城厢，定海地处舟山岛之南，物产有竹器及海产；出北门，有一山，余等攀援而上，山上遍植松竹，及巅，俯视定海全城均收眼底。十时许乃寻路而回。

午后蒙该校教职员之允许，与二年级生同出操艇，海中岛屿林立，其上田畴相望，因此地平地极少，故山丘亦均开垦，未几，舟泊于小岛（名大盘山）之前，得以参观盐场及制盐之法，定海产盐极富，并有一精盐工厂。四时回校。

预计新宁海轮，今晚可抵此，明早可搭该轮回甬，候镇宁返港。

四月十三日　星期六　晴

晨五时许，别浙江水产学校，上新宁海轮，途逢在达兴轮实习之三年级同学，他乡相逢，倍觉欢欣，晨十一时抵甬。

　　镇宁亦于今晨归港，余等于下午二时上船，船员均甚和蔼，关于网具之构造、起重机之运用，以及渔捞种种知识，不惮指教，殊为可感。爰将该船之设备，网具之构造等，述之如下。

船　员

　　船长陈叔易先生，为集美水产学校卒业生，其弟陈君竹英，亦曾在集美水产肄业，任三副之职，全体船员，除船长、三副外，均宁波产，共二十四人，即船主、大、二、三副各一，舵手二，水手头、加油各一，渔夫六，机关舱中，大管车、副管车、生火头各一，加油、生火各二，更加童仆二厨役一是，至各人所担任之职务，与吾国最先之福海，大略相同也。

渔　船

　　镇宁渔轮，本为上海法商拖驳，购来后，改建为商轮，后以耗煤太多，不能获利，乃改为渔轮，成绩颇佳，此船造于一八八八年，计长一〇六尺，阔一八尺，深十二尺，总吨数七一·五，全速力航走时，每小时速率九浬，耗煤十一吨，曳网时以半速航行，耗煤九吨。开业以来，日有起色，惟以载煤量为六十吨，仅供七日之需，不能出渔过久耳。

甲板上之设置

　　甲板上左右舷设备相同，均有下网及起网之装置，惟普通概在右舷下网，此与我国其他各轮不同之点，今绘图示之如下：

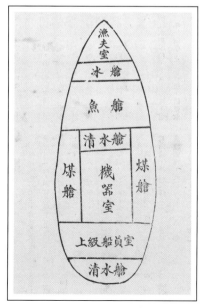

甲板上之设置图

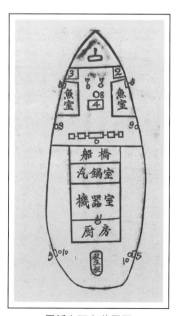

甲板之下之装置图

1. 起锚机　2. 厕所　3. 贮物室　4. 鱼舱口　5.Gallows　6.Winch
7.Centre bollard　8.Foremast　9.Side bollard　10.Angular　bollard
11.Aftermast，至于 Gallows 等之构造，讲义上言之甚详，兹不复赘。

甲板下之装置

鱼舱分三行二列共六区，如渔获多时冰舱亦得作为鱼舱，共可置鱼六万余斤。

网具

网地全部用白棕线，由水手回港自行编制，与英国式大略相同，大小稍有出入，网目同大。

上袖网目起九十目至，长六寻；下袖网自三十目起，至七十目至，长十一寻半；天井网自二百十目起，至二百七十目止，长五寻半；背网与腹网同，自六十目至二百十目，长七寻；囊网全部均六十目，长四寻；合计共长二十二寻半。浮纲长二十寻，沉纲长三十寻，曳纲卷于起重机大轮上，长百寻许，左右各一条。

四月十四日　星期日　晴

早餐后，陈君竹英皆同余等上岸，至江边晒网处，由彼教以补网之法。一个小时后，赴冰厂参观。设置简单，为一高大之茅屋，中贮以天然之冰，下垫稻草，上覆草席，购冰以担计，每担实重五六十斤，今日载饮料及冰、煤，煤共六十吨，仅□星□之用，冰六百担，每担价一角五分，尚不昂贵，以及航行中一切用品，以便明日出航。

第一次出渔。

四月十五日　星期一　晴

晨八时，全部船员，均已到船，乃起锚出口，九时过镇海口外之虎蹲灯塔，未几经□星与灯塔及太平灯塔，于是选以□等针路□□马目山、衢山等向花鸟东北渔场进航，晚九时许抵花鸟东北二十浬之处，乃从事下网。

投网前之准备

此次系用新网，故于到达渔场之前，□体水手，以旧网地二方，缚于囊网下方，以备海底□擦而破损，更附沉纲于下方，浮纲于上方，于是将网具置于右舷侧，以二袖网端系于网板上，网板则固定于 Gallows 上部之 Bollard 上，乃自起重机取出曳纲，将其右方曳纲之一端，导于前艋方之 enter Bollard 经右舷之 Side Bollard 及右后方 Gallows 下之 Angular Bollard，再经上方之 Roller 而连接于网板之吊纲上，其自左方取出之曳纲，经前艋左方之 Centre bollard Angular Bollard 及右前部 Gallows 上之 Roller 而与网板连接之，各 Roller 及 Winch 之回转部分，每日注以二次之机械油，以助其滑动，若在夜间作业，则燃煤油灯四盏，更于前艋上悬一左红、右绿、中白之三色灯，以示别于其他船舶。

投网法

准备既终，乃从事下网，先将右舷向风受浪，如遇潮水强大而力风微弱时，则不问风向若何，将右舷受潮，停止船之前进，其时二、三副司起重机，大副在甲板上指挥一切，船长在舵楼操舵，并发号命令，将网挨次投下，先将曳纲延出十余寻，乃用半速前进，纲势认为正当时，再延出适宜之长度，此处水深三十寻，计共延出九十寻，乃将二曳纲束于船后部之曳纲束锁上，投网手续，于以告终，费时仅八分钟耳。

起网法

曳行三小时后，乃从事起网，回转船艏使起网舷侧向风受浪。全体船员，均集甲板上，乃将曳纲束锁打放，即开起重机起网，改用慢车前进，待网已离海底，停机，及网板已接触 Gollows，乃由网板上解下浮纲、引扬用纲，用人力拔起浮纲，同时将沈（沉）纲、引扬用纲导于起重机上，卷起沉纲，于是共往拔起网地，将鱼倾入鱼室中，而为第二次之投网。起网以至下网完毕，费时仅一刻钟，故平均每昼夜可下网七次。

（未完）

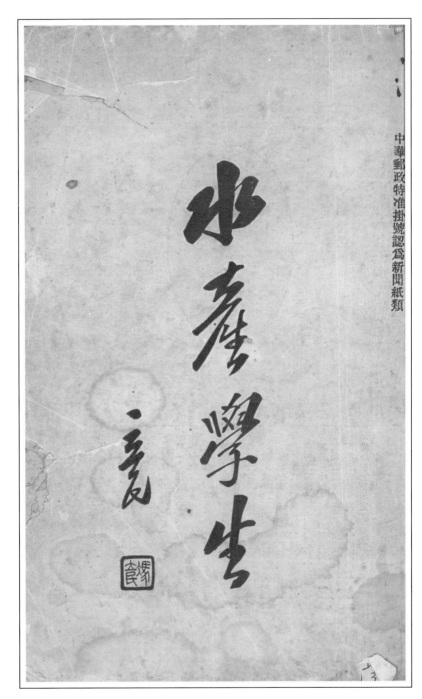

江苏省立水产学校学生会月刊第一期《水产学生》封面（1929 年 11 月），冯立民题。

［冯立民（1899—1961.5）字宝颖，江苏宝山（今上海市宝山区）人。1918 年 1 月江苏省立水产学校渔捞科毕业。1924 年 8 月至 12 月，任江苏省立水产学校校长。1929 年 1 月，再次担任江苏省立水产学校校长。］

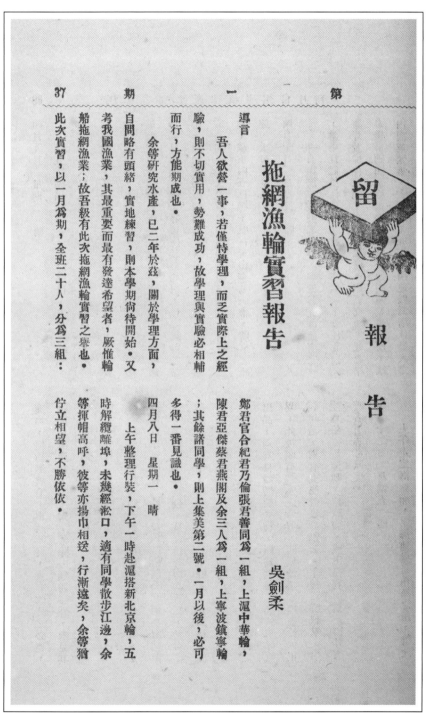

第　一　期　37

留　報　告

拖網漁輪實習報告

吳劍柔

導言

吾人欲營一事，若僅恃學理，而乏實際上之經驗，則不切實用，勢難成功，故學理與實驗必相輔而行，方能期成也。

余等研究水產，已二年於茲，關於學理方面，自問略有頭緒，實地練習，則本學期尚待開始。又考我國漁業，其最重要而最有發達希望者，厥惟輪船拖網漁業；故吾級有此次拖網漁輪實習之舉也。

此次實習，以一月為期，全班二十八人，分為三組：

鄭君官合紀君乃倫張君善同為一組，上滬中華輪，陳君亞傑蔡君燕閩及余三人為一組，上寧波鎮寧輪；其餘諸同學，則上集美第二號。一月以後，必可多得一番見識也。

四月八日　星期一　晴

上午整理行裝，下午一時赴滬搭新北京輪，五時解纜離埠，未幾經淞口，適有同學散步江邊，余等揮帽高呼，彼等亦揚巾相送，行漸遠矣，余等猶佇立相望，不勝依依。

四月九日　星期二　晴

晨五時拋錨鎮海外，七時進口，未幾經鎮海，地當甬江入口之處，有砲臺築於其外小島上，形勢頗為險要，江中漁舟甚多，兩旁冰窖林立，可見其漁業之盛。九時抵甬，往訪鎮寧輪所屬之源源漁業公司經理劉消泉先生，蒙彼招待殷勤，以該輪適於前日出漁，囑余等暫住該公司內，以待鎮寧之歸港。源源公司經理劉君，辦事頗有經驗，除創立漁業公司外，又設寧海商輪局及源泉煤號，商輪共三艘，載重四五百噸，航行舟山羣島一帶，將來之發達，未可限量也。

四月十日　星期三　晴

今日遊歷寧波城廂內外，寧波為五口通商之一，當甬江餘姚江會合之處，占地頗大，分江北岸江東岸及城內三部，有浮橋二座，以利交通，江北岸多棧房碼頭及輪船公司，爲交通機關薈萃之所，城內商業繁盛，大商店多在焉。甬地雖爲浙江最大之商埠，但街道狹窄，市政不良，實有改良之必要，物產以海產爲大宗，大工業除一麵粉廠外，未見其他，蓋此地爲鹹水港故耳。

四月十一日　星期四　陰

劉經理因鎮寧尚有數日進口，乃介紹余等至定海浙江水產學校參觀，晨八時搭該公司新寧海輪前往，午後一時抵該校。是校校舍均爲新築，現尚在繼續建造之中，學生共一百二十餘人，分本科及職工二科，職工科又分爲漁撈及製造，附設模範工廠，製造貝扣及罐頭食品，並參觀陳列西湖博覽會之出品，均爲貝殼所製各物，極爲精緻，與舶來品無異，此校頗有擴充之希望，聞鐵殼手繰網漁輪，正在建造，尚有其他發展計劃云。午後三時課畢，學生均集操場運動，或球類，或田徑賽，無一出外逃避者，殊可佩也。

四月十二日　星期五　晴

上午遊定海城廂，定海地處舟山島之南，物產

《拖网渔轮实习报告》,《水产学生》(1929年11月)

第　一　期　39

有竹器及海產；出北門，有一山，余等攀援而上，之設備，網具之構造等，述之如下。

山上遍植松竹，及巔，俯視定海全城均收眼底。十時許乃尋路而回。

船員

午後蒙該校教職員之允許，與二年級生同出操

船長陳叔易先生，爲集美水產學校卒業生，其

艇，海中島嶼林立，其上田疇相望，因此地平地極

弟陳君竹英，亦曾在集美水產肄業，任三副之職，

少，故山丘亦均開墾，未幾，舟泊於小島（名大盤

全體船員，除船長三副外，均寧波產，共二十四人

山）之前，得以參觀鹽場及製鹽之法，定海產鹽極

，即船主大二三副各一，舵手二，水手頭加油各一

富，並有一精鹽工廠，四時回校。

，漁夫六，机關艙中，大管車副管車生火頭各一

預計新寧海輪，今晚可抵此，明早可搭該輪回

加油生火各二，更加童僕二廚役一是，至各人所担

甬，候鎮寧返港。

任之職務，與吾國最先之福海，大略相同也。

漁船

四月十三日　星期六　晴

鎮寧漁輪，本爲上海法商拖駁，購來後，改

晨五時許，別浙江水產學校，上新寧海輪；途

爲商輪，後以耗煤太多，不能獲利，乃改爲漁輪

逢在達與輪實習之三年級同學；但鄉相逢，倍覺歡

成績頗佳，此船造於一八八八年，計長一〇六尺，

欣，晨十一時抵甬。

闊一八尺，深十二尺，純噸數七一·五，全速力航

鎮寧亦於今晨歸港，余等於下午二時上船，船

走時，每小時速率九浬，曳網時以半

員均甚和藹，關於網具之構造，起重机之運用，以

速航行，耗煤九噸，開業以來，日有起色，惟以载

及漁撈種種智識，不憚指教，殊爲可感。爰將該船

煤量爲六十噸，僅供七日之需，不能出漁過久耳。

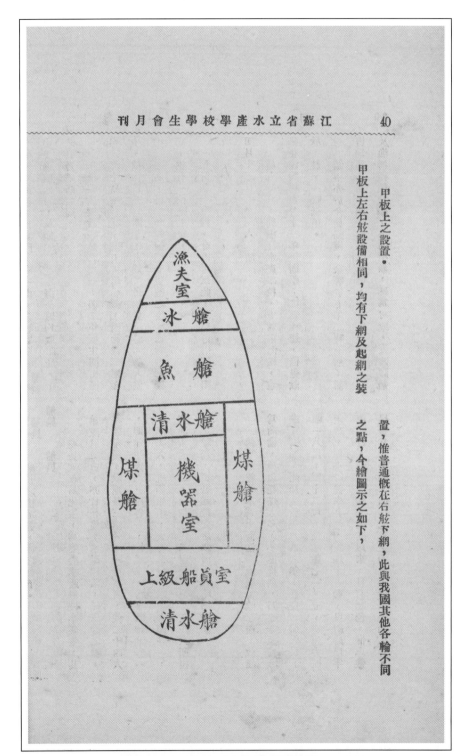

江蘇省立水產學校學生會月刊　40

甲板上之設置。

甲板上左右舷設備相同，均有下網及起網之裝

置，惟普通概在右舷下網，此與我國其他各輪不同

之點，今繪圖示之如下，

漁夫室

冰艙

魚艙

清水艙

煤艙

機器室

煤艙

上級船員室

清水艙

《拖网渔轮实习报告》，《水产学生》（1929 年 11 月）

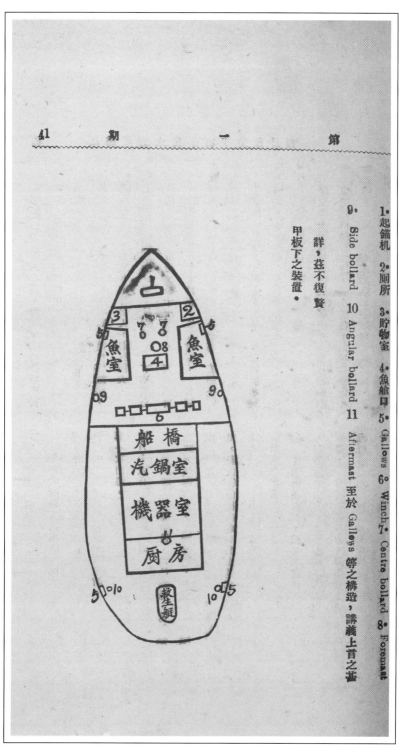

《拖网渔轮实习报告》,《水产学生》(1929 年 11 月)

江蘇省立水產學校學生會月刊 42

魚艙分三行二列共六區，如漁獲多時冰艙亦得□片，作爲魚艙，共可置魚六萬餘斤。

網具，

網地全部用白棕線，由水手囘港後自行編製，與英國式大略相同，大小稍有出入，網目同大。

上袖網 目起九十目至，長六尋，下袖網自三十目起，至七十目至，長十一尋半。天井網自二百十目起，至二百七十目止，長五尋半，背網與腹網同，自六十目至二百十目長七尋，囊網全部均六十目長四尋，合計共長二百十二尋半，浮網長二十尋，沉網長三十尋，曳網捲於起重机大輪上，長百尋許，左右各一條。

四月十四日 星期日 晴

早餐後，陳君偕同余等上岸，至江邊晒網處，由彼敎以補網之法，一小時後，赴冰廠參觀，設置簡單，爲一高大之茅屋，中貯以天然之冰，下墊稻草，上覆草席，購冰以抖計，每擔實重五六十

今日載飲料及冰煤，煤共六十噸，僅□之用，冰六百担，每担價一角五分，尙不□貴，以及航行中一切用品，以便明日出航。

第一次出漁。

四月十五日 星期一 晴

晨八時，全部船員，均已到船，乃見□口，九時過鎮海口外之虎蹳燈塔，未幾經□□燈□及太平燈塔，於是迭以 E、N、E 等針向馬目山，循山等向花鳥東北漁場進航，晚九□□花鳥山，□□□之處，乃從事下網。

投網前之準備

此次係用新網，故於到達漁塲之前，□□水手，以舊網地二方，縛於囊網下方，以□□長擦而破損，更附沉網於下方，浮網於上方，□旁將網具置於右舷側，以二袖網端繫於□板上，□則固定於□□□上部之 Roll 上，乃自起□机取出曳

《拖网渔轮实习报告》，《水产学生》（1929 年 11 月）

網，將其右方曳網之一端，導於前檣右方之 enter Bollard 經右舷之 Side Bollard 及右後方 Gallow 下之 Angular Bollard 再經上方之 Roller 而連接於網枝之吊綱上，其自左方取出之曳綱，經前檣左方之 Cetera D Hood Angular Bollarb 及右前部 Gallows 上之 Roller 而與綱板連接之，各 Roller 及 inchW 之廻轉部分，每日注以二次之机械油，以助其滑動，若在夜間作業，則燃煤油燈四盞，更於前檣上懸一左紅右綠中白之三色燈，以示別於其他船舶。

投網法，

準備旣終，乃從事下網，先將右舷向風受浪，如遇潮水強大而力風微弱時，則不問風向若何，將右舷受潮，停止船之前進，其時二三副司起重机，大副在甲板上指揮一切，船長在舵樓操舵，並發號

命令，將網挨次投下，先將曳網延出十餘尋，乃用半速前進，網勢認爲正當時，再延出適宜之長度，此處水深三十尋，計共延出九十尋，乃將二曳綱束於船後部之曳綱束鎖上，投網手續，於以告終，費時僅八分鐘耳，

起網法。

曳行三小時後，乃從事起網，迴轉船首使起網舷側向風受浪，全體船員，均集甲板上，乃將曳綱束鎖打放，即開起重機起綱，改用慢車前進，待綱已離海底，停機，及網板已接觸 Gallows，乃由網板上解下浮綱引揚用綱，用人力拔起浮綱，同時將沈綱引揚用綱導於起重機上，捲起沈綱，於是共往拔起綱地，將魚傾入魚室中，而爲第二次之投網。

起綱以至下網完畢，費時僅一刻鐘，故平均每畫夜可下網七次。

未完

四、《一九五一级上海水产专科学校年刊》(摘选)

(一)论科学时代中吾国旧式渔业

张友声

本文原载于《一九五一级上海水产专科学校年刊》，1951 年

作者：张友声，1926 年第十一届渔捞科毕业生

吾国旧式渔业，在清代中叶以前，是非常发达的；六、七十吨以下亦航亦渔的船只数字相当大，近海远洋都有它的踪迹。像浙江的流网船，广东的横拖网，就是远洋渔业的代表；北洋的风网、张网、挂网，浙江的大对，福建广东的母船式延绳钓、大中小拖网等，在近海渔业中最活跃，收获也最丰富的一种渔业。其后经过数国际战争失败，沦而为次殖民地，受了帝国主义国家的重重束缚和压迫，旧式渔业也不能例外地逐渐衰落了。远洋渔业受了限止(制)，大型船的减少，到了日寇侵掠本土以后，渔船的毁坏更多，比较清代中叶的渔船数，不到十分之一了。就以崇明一县而论，最多时黄花鱼张网渔船一千余艘，现在不过数十艘，连小型的挑网船，也不过百数。由此可见衰落的一般情况了。据 1934 年实业部调查沿海各省的渔船数，在不很完全的统计下，其结果如下表：

省　别	渔船数	生产量（估计）	备　注
广东省	14712 只	56,860,000 斤	
福建省	2074 只	15,000,000 斤	三个县余不详
浙江省	7880 只	186,600,000 斤	
江苏省	4750 只	142,500,000 斤	苏北较多
山东省	12214 只	366,400,000 斤	
河北省	2733 只	13,337,000 斤	
合　计	44363 只	780,697,000 斤	合 30 万吨强

根据上表的不很完全的统计，年产量约三十九万余吨。最近华东水产会议 1950 年总结报告中指出，全年 50 万吨水产生产任务中，旧式渔业竟占 90% 以上，约有 45 万吨强。可见在目前形势下旧式渔业的生产力量还是非常伟大的。而且今后刚才从次殖民地的环境中，步入独立自主自力更生的阶段里，在科学设备和物资条件，还未达到理想的境地时，这旧式渔业还有它的重要性。我们应该重视这支艰苦备尝的水产生产军。并且，须以科学的技术来辅导它，发扬它的特长，减少它的缺点，让它更好地完成生产任务，逐渐地步入科学大道，和新式渔业一道从事生产业务，这是我们从事水产事业的知识分子，应该深切了解它的实际情况，勿要怕这艰巨的工作疏忽了辅导和协助它进步，接近现代科学，确是目前的最重要的业务了。现在把管见所及提出几点工作，为热心旧式渔业同志的参考和商讨：

1. 全面性组织渔民，切实地领导把中间剥削铲除净尽。

2. 全面性教育渔民，提高文化程度，把迷信化为科学。

3. 根据实际情况，正确地把握贷款，扫清高利贷，打开阻碍发展的枷锁。

4. 保护旧式渔业的渔区，彻底地消灭海匪和划分新式渔业的禁渔区。

5. 建立旧式渔业，根据科学设备，如气象报告，渔况报告和救生站。

6. 正确地领导渔民，招觅渔场，减少原来习惯的休渔时期，增加生产。

7. 渔获物处理和加工，必须迎合科学，使品质优良，便利运输，且能延长贮藏时期。

8. 改进旧式运输船设备，保持品质，便利加工。

9. 改善渔产品交易制度，减轻生产者和消费者的负担，而运销的成本亦获减低。

10. 配合渔区情况，介绍新知识，改进渔船和渔法。

11. 建立渔具、渔船、制造厂、便利渔民采购，减少浪费，并得从事渔船，渔具的研究改进工作。

12. 训练渔民，组织防匪，渐成为一支强大的海防后备队，站在国防的前哨，生产的岗位上，做到保家卫国的任务。

《一九五一级上海水产专科学校年刊》封面（1951 年），丰子恺题。

［丰子恺（1898.11.9—1975.9.15）原名润，又名仁、仍，号子觊，后改为子恺。中国浙江省嘉兴市桐乡市石门镇人，散文家、画家、文学家、美术与音乐教育家。解放后曾任中国美术家协会常务理事、美协上海分会主席、上海中国画院院长、上海对外文化协会副会长等职。］

130

論科學時代中的吾國舊式漁業

—— 張　友　聲 ——

　　吾國舊式漁業，在清代中葉以前，是非常發達的；六、七十噸以下亦航亦漁的船隻數字相當大，近海遠洋都有牠的踪跡。像浙江的流網船，廣東的橫拖網，就是遠洋漁業的代表；北洋的風網張綱掛網浙江的大對福建廣東的毌船式延繩釣大中小拖網等，在近海漁業中最活躍，收獲也最豐富的一種漁業。其後經過數國際戰爭失敗，淪而爲次殖民地，受了帝國主義國家的重重束縛和壓迫。舊式漁業也不能例外地逐漸衰落了。遠洋漁業受了限止，大型船的減少，到了日寇侵掠本土以後，漁船的毀壞更多，比較清代中葉的漁船數，不到十分之一了就以崇明一縣而論，最多時黃花魚張網漁船一千餘艘，現在不過數十艘，連小型的挑網船，也不過百數。由此可見衰落的一般情況了。據1934年實業部調查沿海各省的漁船數，在不很完全的統計下，其結果如下表：

省　　　別	漁 船 數	生 產 量 (估計)	備　　　註
廣　東　省	14712 只	56,860,000 斤	
福　建　省	2074 只	15,000,000 斤	三個縣餘不詳
浙　江　省	7880 只	186,600,000 斤	
江　蘇　省	4750 只	142,500,000 斤	蘇北較多
山　東　省	12214 只	366,400,000 斤	
河　北　省	2733 只	13,337,000 斤	
合　　　計	44363 只	780,697,000 斤	合 30 萬噸強

　　根據上表的不正確統計，年產量約三十九萬餘噸。最近華東水產會議1950年總結報告中指出，全年50萬噸水產生產任務中，舊式漁業竟佔90%以上，約有45萬噸強。可見在目前形勢下舊式漁業的生產力量還是非常偉大的。而且今後剛才從次殖民地的環境中，步入獨立自主自力甦生的階段裏，在科學設備和物質條件，尚未達到理想的境地時，這舊式漁業還有牠的重要性。我們應該重視這支艱苦備嘗的水產生產軍。並且，須以科學的技術來輔導牠，發揚牠的特長，減少牠的缺點，讓它更好地完成生產任務，逐漸地步入科學的大道，和新式漁業一道從事生產業務，這是我們從事水產事業的智識份子，應該深切了解它的實際情況，勿要怕這艱巨的工作疏忽了輔導和協助它進步，接近現代科學，確是目前的最重要的業務了。理在把管見所及提出幾點工作，爲熱心舊式漁業同志的參攷和商討：

　　1. 全面性組織漁民，切實地領導把中間剝削剷除淨盡。

　　2. 全面性教育漁民，提高文化程度，把迷信化爲科學。

　　3. 根據實際情況，正確地把握貸款，掃清高利貸，打開阻礙發展的枷鎖。

　　4. 保護舊式漁業的漁區，徹底地消滅海匪和劃分新式漁業的禁漁區。

　　5. 建立舊式漁業，根據科學設備，如氣象報告，漁況報告和救生站。

　　6. 正確地領導漁民，招覓漁場。減少原來習慣的休漁時期，增加生產。

　　7. 漁獲物處理和加工，必須迎合科學，使品質優良，便利運輸，且能延長貯藏時期。

《论科学时代中吾国旧式渔业》，《一九五一级上海水产
专科学校年刊》(1951 年)

131

8. 改進舊式運輸船設備，保持品質，便利加工。

9. 改善漁產品交易制度，減輕生產者和消費者的負担，而運銷的成本亦獲減低。

10. 配合漁區情況，介紹新智織，改進漁船和漁法。

11. 建立漁具、漁船、製造廠、便利漁民採購，減少浪費，並得從事漁船，漁具的研究改進工作。

12. 訓練漁民，組織防匪，漸成為一支強大的海防後備隊，站在國防的前哨，生產的崗位上，做到保家衞國的任務。

（二）最近发明的渔船能不停不歇的继续捕鱼和装运渔获物

陆元宪译

本文原载于《一九五一级上海水产专科学校年刊》，1951 年

1950 年二月二日在挪威国渔业杂志上发表一件惊人的新发明。有挪威国人名克林斯台君（Mr.Kringstad）最近发明不停不歇的续继（继续）捕鱼和装运鱼货的特殊方法，他得到了世界的专利权。这种捕鱼方式，在围网船和刺网船不能工作的恶劣天气，它却能续继（继续）进行捕鱼，不受影响。这方法既省去下网起网的时间，且能大量增加渔获物的数量，还可免去网具上的无谓损失。它在北大西洋鲱（Herring）鱼汛时的捕鱼量，特别显著的增加。她的网形很像拖网（Trawl）成裤子形，就是在囊网后面，连接着一根帆布管子，内有不锈钢造的螺旋形长钢条，利用吸收和真空的作用，把网囊里的鱼直接吸收到船上冷藏舱内，不过吸收鱼的时候，船头需对潮流。船上并有特别设计的自由卸鱼的设备，所以随便船在渔场进行渔捞或停留着，运鱼船随时可以靠近卸货，运到鱼市场或制罐厂去，不受任何时间上的限制。

（译自 1950 年四月份出版的 Commercial Fisheries Review）

最近發明的
漁船能不停不歇的繼續捕魚和裝運漁獲物

——陸元憲譯——

　　1050年二月二日在挪威國漁業雜誌上發表一件驚人的新發明。有挪威國人名克林斯台君(Mr Kringstad)最近發明不停不歇的繼續捕魚和裝運魚貨的特殊方法，他得到了世界的專利權。這種捕魚方式，在圍網船和刺網船不能工作的惡劣天氣，它卻能繼續進行捕魚，不受影響。這方法既省去下網起網的時間，且能大量增加漁獲物的數量，還可免去網具上的無謂損失。它在北大西洋鯡(Herring)魚汛時的捕魚量，特別顯著的增加。她的網形很像拖網(Trawl)或袴子形，就是在囊網後面，連接着一根帆布管子，內有不銹鋼造的螺旋形長鋼綫，利用吸收和真空作用，把網囊裏的魚直接吸收到船上冷藏艙內，不過吸收魚的時候，船頭須對潮流。船上並有特別設計的自由卸魚的設備，所以隨便船在漁場進行漁撈或停留着，運魚船隨時可以靠近卸貨，運到魚市場或罐頭廠去，不受任何時間上的限制。

　　　　　　　　　　　　　　　　(譯自1950年四月份出版的 Commercial Fisheries Review)

　　並附圖示後：

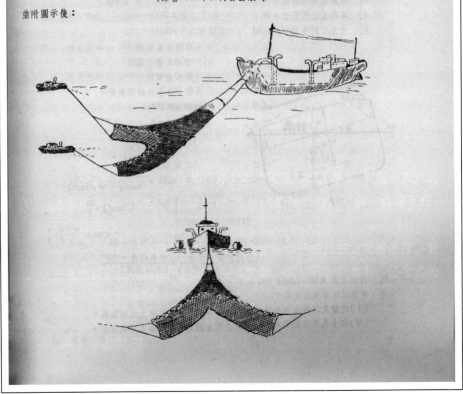

《最近发明的渔船能不停不歇的继续捕鱼和装运获物》，
《一九五一级上海水产专科学校年刊》(1951 年)

五、《上海水产学院院刊》（创刊号）（摘选）

（一）渔歌

禾 苗

本文原载于《上海水产学院院刊》创刊号第 3 版，1956 年 8 月 29 日

~~~~ 实习见闻 ~~~~

过 去

自己找渔场，

地点心中藏；

个把人撒网，

个把人收网。

破网漏船难打鱼，

歉收日子苦难当，

碰到风浪吞去网，

全家生活无保障。

现 在

"分散找渔场；

集中来捕鱼"。①

大伙齐撒网，

互相勤相帮。

你拉网来我起网，

船船装满便回港，

船上马达来安装，

渔民生活如歌唱。

① 是舟山渔业生产合作社的总结经验。

上海水產學院

院刊

上海水產學院
院刊編輯室出版
創刊號
1956.8.29.
上海軍工路334號
本期共四版

校景一角

把院刊辦好，把工作做好

關於創辦院刊的問題，遠在一九五二年我院成立後，曾作過多次的考慮研究，今天終歸是實現了。特別當着我院教學改革轉向步步深入細緻的階段，當着科學研究正在逐步開展的時候，是有必要的。為了在十二年內趕上世界的先進的科學水平，把我院的面貌變成一所具有現代科學水平的高等水產學院，實現培養社會主義水產建設人才和水產科學研究的任務，這樣的一個刊物的出版就顯得有十分重要的意義了。

院刊是一個報導全院各方面活動的綜合性的刊物，在我們的工作活動中它是推動我們各項工作前進的銳利武器。我們必須善於使它運用到實際工作中，表揚先進，批評缺點，開展批評與自我批評的工作，改進我們的工作，提高我們的科學理論水平和政治思想水平，繁殖和豐富我們各方面的知識和經驗，更好地為社會主義建設服務。除此之外，它還有一個重要的任務，這就是一方面通過這個院刊反映出我們對黨和政府的方針、政策、指示、計劃等執行的情況如何，檢查我們做到了那些，那些還有做到，做到的效果怎樣，只有不斷的找出經驗教訓來，以便大家可以借鑑。另一面就是要通過這個院刊，反映出在我們各項工作活動中出現的那些新鮮活潑的事物，以便大家學習，樹立起新的方向。但是我們必須認識到不論是發現一個新事物，或者是從頭到尾的查出一個新事物，乃是一件艱巨細緻複雜的工作，需要有堅忍的毅力，錯鉅的事業心，耐心的態度和踏踏實實的工作作風。相反那種桃皮且偷安，醉心於現狀，或者華而不實，誇誇其談，不顧埋頭苦幹做細緻工作的作風，這種作風是一種不好的作風。在社會主義革命中，各方面的工作是在日新月異的變化着，就我們水產高等教育工作而言，也莫不是如此。在不斷變化的過程中，新的事物總是會源源的湧現出來，在新事物面前關鍵問題是在於我們應該採取什麼態度對待新事物，採取積極的態度呢？還是採取消極的態度呢，當然，前者是人人讚美的態度，前者是人人反對的態度，那末，我們應如何來採取這種態度呢，一言以蔽之，就是我們對待任何一件事物，任何一件工作，不管是大的，或者是小的，只要是有利於社會主義建設的事物就應以積極的去做，熱情地去做，在做的過程中必須善於用科學的方法，客觀地加以分析研究，及時地總結起來，把它整理成經驗，再運用到實踐工作中去，只有不斷地善於總結新事物，創造交流經驗，才能使工作向前躍進發展。

我們能不能辦好院刊呢，有沒有條件呢，我們認為，是有條件的。有什麼根據能辦好呢，我們有熱忱和行政的正確領導，有全院師生員工的關心和支持，有各兄弟學校的先進經驗作楷模，有了這三個條件就是我們能辦好的信心和力量。那末，我們有沒有困難呢，主要是要：第一、我們沒有辦刊物的經驗，院刊的出版，在我院是第一次，就是說是出版的第一個刊物，第二、我們的材料來源在目前是有着一定限制的，尤其宣傳報導的通訊員制度還未建立起來，第三、是專職機構的不健全等等。對於這個刊物的出版，我們有了這種態度認識以後，對這些困難是能什麼呢，我們思想上就有了準備，我們就不會陷於手忙腳亂，處於被動的地位上，我們相信，它就一定能夠在我們的工作上，學習上等等方面起着推動作用。

正當着院刊出版的今天，我們應該認識到這幾年來我們的工作經過了曲折的過程，已踏上了新的發展階段，在工作中出現了一些嶄新的氣象。同時，我們也必須認識到在這偉大的發展階段中，有許多新任務需要我們又多又快又好又省的去完成，這生怕出於勇往直前至今專課教材，許多工作還沒有總結出經驗來，教學業生產實踐的現象還未完全改變過來，各種教學環節的配合還顯得不夠密切有關力；培養的規格還不能滿足社會主義建設的要求；水產科學的發展速度還是較慢的，或者說還是落後的，當然科學研究並不是說可以一蹴而就的，對細緻的培養工作特別是對新生力量的培養還遠遠跟不上急劇的發展的數學需要；在貫徹全面發展的方針上，還有片面理解，不注重鍛鍊對象「因材施教」，少考慮或不考慮胃口大小，能否消化，而有或多或少程度不同的硬性灌輸；忽視了培養獨立思考的能力，缺乏培養刻苦鑽研的習慣，養成一種依賴思想，過度繼束縛自己的手腳，不能獨立見解問題；在我們的工作作風和工作方法上，還存在着主觀主義、主觀主義等弊。以上種種，就是我院在科研工作前面存在着的一些帶主要問題，這些問題，也是我們應該注意着深深地加以解決的，我們必須抓緊深入的調查研究，及時的解決，掃除來我們前進道路上的障礙，把我們的院刊辦好，把我們的工作做好，這是我們的任務。

怎樣辦好院刊呢；首先要求我們做業務工作同志應該積極熱情地掌握採寫各種工具，勤懇地學習編輯稿件，研究整理稿件，反映情況，把習宣傳這具來好地為讀者服務。同時辦好院刊也絕不是一件事，不是靠這些做業務工作的人所能辦好的，而是我們全院每位同志的工作，必須大家關心，大家貢獻，大家動手，才能把我們的院刊辦好。

今年招收魚類學，水產動物生理學副博士研究生

中華人民共和國高等教育部為了培養高等學校師資的科學研究人才，決定在部分高等學校從今年開始招收研究生。我院根據高等教育部指示，在今年招收魚類學副博士研究生二名，水產動物生理學副博士研究生二名，以上招生工作期間正在積極籌備中，預定在今年十月十五、十

六間舉行考試，考試科目已決定報考魚類學專業的須考中國革命史、外國語（俄、英、法、德國語四選一），及普通動物學、建築文主義、魚類學等，報考水產動物生理學專業的須考中國革命史、外國語（俄、英、法、德國語任選一種）、普通動物學及普通生理學等。

經高教部批准 從1956年學年起實行五年制教學計劃

本院從1956年1月起根據蘇聯莫斯科技術高級學院建立的先進經驗修訂本院水產學院專業五年制教學計劃已經由中華人民共

和國高等教育部批准，並決定自1956—1957年第一學期起正式實行。本學期水產專業的新調教學計劃正在計劃進行學習。

適應我院發展 基本建設工作的新面貌

隨着我院事業進一步的發展，以及我院招生任務的日益增長，我院的基本建設工作也跟着蒸蒸日上。上海水產學院是解放後一處企業的高等學校，在教學、校舍建築方面是有着一個一瓦的基礎的。在黨和人民政府的關懷下，我院才取得現有的初步規模。我院院址分一、二期院，一期院佔有一百五十畝（包括北置之得戶及大片窪地），估計你年內可闢成一千三百五十畝，共計三百三十十畝，根據建設整備需計劃，第一院作為師生員工生活居住及體育活動區。按照我院事業發展需要，在近幾年內將有大部教學、試驗及其他建築陸續建造起來，科學研究方面，並擴充了教學、實習、游泳池、動員等場所。因此我院在校舍建築上勢必將陸續建造，第二期院近年以來的面貌迥殊。第二院五年計劃期間內，我們將以一個更新型，更大型的水產高等學校在這裏建造，二院將作為教學及科學研究區，二院作為師生員工生活及體育活動區的二分之一。

其中教職員宿舍之二棟已經建成，其餘教室大樓及圖書館各一棟之設計圖已繪定成，部份正式開工興建，部分等方案的設備成驗室正在設計中。

基建是一件繁複什的工作，因此有全體師生員工的在這方面的能改進，使國家的投資能能得盡量的利用，更適合於這方面的工作。

職工業餘學校已籌備就緒 定九月一日正式開學

為提高我院的職工薪文化水平向科研過進，我院職工業餘學校已籌備就緒，招生報名工作亦同工興緒，定於九月1日正式開學上課，業餘學校根據本院職工一律的文化程度共設掃盲一班、一二上、中二上、初中一上、初中二五班，現已有職工72人報名參加學習。

漁 歌　·禾 苗·

~~~ 實 習 見 聞 ~~~

過 去

自已找漁場，
地點心中藏；
個把人撒網，
個把人收網。
破網漏船難打漁，
歉收日子苦難當；
碰到風浪吞去網，
全家生活無保障。

×　　×　　×

現 在

"分散找漁場；
集中來捕魚"。(註)
大夥齊撒網，
互相勤相幫。
你拉綱來我起網，
船船裝滿便回港，
船上馬達來安裝，
漁民生活如歌唱。

註：是舟山漁業生產合作社
的總結經驗。

《渔歌》，《上海水产学院院刊》创刊号（1956 年 8 月 29 日）

（二）诗一首

周末　赵维宣

本文原载于《上海水产学院院刊》创刊号第 4 版，1956 年 8 月
29 日

献给新同学

我们是开发海洋的突击手，

海洋是我们建立功勋的地方；

日光和海风送给我们古铜色的皮肤，

暴风雨的洗礼锻炼得我们更坚强。

天空里密布着乌云，

阴暗的海洋翻腾地发出啸声，

浪涛冲击着船舷，

愤怒的白沫扑打到甲板上。

冰冷的海水沿着脖子直流到膝盖，

但我们：紧紧地挡住舵轮，

冲过风暴、浓雾……

请记住：只有勇士才能跨进海洋的大门。

海轮在海洋上往来穿梭，

我们轻轻地撒下渔网，

起网机轧轧地转动，

快把那金色的鱼儿装满舱。

咸味的海风夹着祖国大陆的芳香，

远航归来的歌声随波飘扬，

数不清的渔船打旁边驶过，

含笑的渔民们投来了期待的目光。

祖国的海洋是多么辽阔，

闪烁着柔和的蓝色光芒，

远处是吹鼓了的片片渔帆，

海鸥盘旋着船尾歌唱；

说多美就有多美的海洋啊，

世界上什么东西也比你不上！

加工厂里的马达轰响，

"鱼姑娘"们忙着化妆，

我们有奇妙的双手，

神话里的仙人也不过这样，

让孩子们在餐桌旁嘻开了小嘴，

鱼肝油使他们永远健壮；

让姑娘穿上了称心的鲨鱼皮鞋，

幸福地依偎在情人身旁。

鱼粉给饲养员带来了快乐，

你看，猪猡胖得像小牛一样；

母鸡不再担心生薄壳蛋，

蝈蝈的啼声里充满了骄傲。

让少数民族同胞们能吃到鱼，

让鱼片，鱼罐头出现在国际市场；

再见吧，你们将去苏联、德国……

你们，要到遥远的边疆。

我们的生活，将和珊瑚礁一样美丽，

我们的前途，像海洋一样的宽广；

亲爱的伙伴们，我们要使海洋永远驯服，

我们要向海洋索取！

詩一首

周 末·趙維宣

——獻給新同學——

我們是開發海洋的突擊手，
海洋是我們建立功勳的地方；
日光和海風送給我們古銅色的皮膚，
暴風雨的洗禮鍛鍊得我們更堅強。

天空裏密佈着烏雲，
陰暗的海洋翻騰地發出嘯聲，
浪濤衝擊着船舷，
憤怒的白沫撲打到甲板上。
冰冷的海水沿着脖子直流到膝蓋，
但我們：緊緊地擋住舵輪，
　　　　冲過風暴、濃霧……
請記住：只有勇士才能跨進海洋的大門。

海輪在海洋上往來穿梭，
我們輕輕地撒下漁網，
起網機軋軋地轉動，
快把那金色的魚兒裝滿艙。
鹹味的海風夾着祖國大陸的芳香。

遠航歸來的歌聲隨波飄揚，
數不清的漁船打旁邊駛過，
含笑的漁民們投來了期待的目光。

祖國的海洋是多麼遼闊，
閃爍着柔和的藍色光芒，
遠處是吹鼓了的片片漁帆，
海鷗盤旋着船尾歌唱；
說多美就有多美的海洋啊，
世界上什麼東西也比你不上！

× × ×

加工廠裏的馬達轟轟，
"魚姑娘"們忙着化粧，
我們有奇妙的雙手，
神話裏的仙人也不過這樣。
讓孩子們在餐桌旁嘻開了小嘴，
魚肝油使他們永遠健壯；
讓姑娘穿上了稱心的鯊魚皮鞋，
幸福地偎倚在情人的身旁。
魚粉給飼養員帶來了快樂，
你看，猪玀胖得像小牛一樣；
母鷄不再担心生薄壳蛋，
嗰嗰的啼聲裏充滿了驕傲。
讓少數民族同胞們能吃到魚，
讓魚片，魚罐頭出現在國際市場；
再見吧，你們將去蘇聯、德國……
你們，要到遙遠的邊疆。

× × ×

我們的生活，將和珊瑚礁一樣美麗，
我們的前途，像海洋一樣的寬廣；
親愛的伙伴們，我們要使海洋永遠馴服，
我們要向海洋索取！

《诗一首》,《上海水产学院院刊》创刊号（1956年8月29日）

（三）海上生活锻炼

林焕章

本文原载于《上海水产学院院刊》创刊号第 3 版，1956 年 8 月 29 日

海洋渔业系一年级的同学，从七月十八日到廿八日在本院实习渔轮进行了第一次的教学实习——海上生活锻炼。这次实习的内容分为两个阶段：熟悉海上生活，了解工业捕鱼的基本概况；访问渔村，了解渔民生活和生产情况。

参加实习的同学有廿六人，其中一部分对海洋是完全陌生的，还有一部分也多年没有和海洋见过面，所以在出海实习之前，同学们在思想上是作了准备的。在动员大会上大家都提出了保证，不论在什么情况下，有决心克服一切的困难，完成规定的实习内容。

七月十八日上午，同学们怀着兴奋的心情跨上了实习渔轮。当我们到达的时候，受着船长和全体船员热情的欢迎。十八日晚间乘着月色离开了水产公司码头出航到渔场去。同学们虽然到了睡眠的时刻，可是大家都愿意留在甲板上观看黄浦江和长江夜航的景色。学过航海的同学自己在核对航道上的导航标志，没有学过的也忙着向别人学习航行的知识。夜航，同学们是多么感到兴趣呀！

驶向渔场的航程里风浪是比较大的。由于同学们对海上生活还没有什么经验，自然会感到不习惯，晕船吐浪的现象也是必然的，因为大家在出海之前思想已有了准备，当船舶摇摆最剧烈的时候，也就是晕吐最厉害的时候，大家都能听从教师和船员们的劝告，坚持在甲板上工作或活动，经过了一天和晕吐作斗争之后，差不多全部同学都能照常工作。许多同学在后来都说，晕船并不是什么了不起的困难，只要不睡觉，找事做，减轻心理紧张，晕船就可以克服的。

廿日以后大家都按照规定的岗位进行操作或见习。航海值班的同学开始掌舵，渔捞值班的同学见习舷拖网的起投网操作，并协助拣鱼装箱的工作。同学们在工作中看到装满了鱼的网，从海里吊到船

上，卸出了各样各式的鱼虾在甲板上乱蹦乱跳，同学们微笑的脸，估计每网的收获；同时认识了许多从未看过的鱼类，搜集海里小动物的标本，海上生活是多么愉快，有趣呀！祖国有绵长的海岸线，蕴存着数不清的水产资源，我们都是未来的水产工作者，怎样才能捕获更多的鱼以满足广大人民的需要，这正是我们应负的责任。同学通过了亲身的体验，对海洋，对自己的专业，都有更深一步认识和了解。

在实习过程中，实习轮全体船员对同学们的实习和生活都付以极大的关怀和帮助。船长向同学说明了船上的各种制度，特别提出了关于节约用水问题。使同学们能更深刻了解在海船上节约淡水的重要意义。渔轮的结构和性能由二付（副）讲解，并且还详细介绍了舷拖网的操作技术。同学们都说这一课上得特别好，对舷拖网渔业得到了比较系统的概念。通过这一阶段的实习为今后专业学习打下了初步的基础。

为了使同学在紧张的劳动和学习之后能够得到一定时间的休息，在晚饭后有文娱活动，同学们有的欣赏海景，眺望着鲜红的落日斜照船首，海风习习，微波荡漾，远处海鸥数点逍遥海面，宛如置身诗境，或是歌唱祖国，或是漫谈海上见闻。一对对的海豚，追波逐浪，不时在船边出现，谁说海上生活没有乐趣呢！

第二阶段是进行渔村访问，我们游览了嵊山的箱子墺渔港，看一看渔村合作化后的新气象。在沈家门参观了鱼粉厂，厂里负责同志说由于国家对外贸易的发展，我国鱼粉在国外市场供不应求，说到鱼粉原料时，这又关联到海洋渔业问题了。最后访问了普陀渔业生产合作社并和他们举行了座谈，这个社是比较小型的，只有十多艘船，但社员的收入逐年增加，他们今后的规划，是向机帆船发展，渔民们对社会主义建设的远景都满怀信心，这次访问给同学们对渔民生活情况有深切的了解，同学对渔业社会主义改造也有进一步的认识。我们访问的时间虽然很短但所得的收获是很大的。

在回航的途中，全体船员们和实习教师及全体同学举行了联欢会，大家都亲切诚恳地说出了每个人对这次实习的感受。船员们对实习同学指出了实习中存在的缺点，提出了要求和今后努力的方向。他们特别地说到，这次实习有个特点，就是海洋渔业系有了女同学，她们在工作中的表现，能够和男同学同样的信任，在党的培育下一定能锻炼成一个优秀的渔船女船员。同学们首先向全体船员同志对这次实习所给予的关怀和帮助表示感谢，诚意接受船员同志们的宝贵意见作为今后努力的标准。也谈到了这次实习中的收获，大家认为晕船是可以克服的，我们应该使海洋向我们屈服，毛泽东时代的青年应该有这样的毅力，我们并没有被风浪所吓倒。船员们日夜辛勤的劳动，给我们有很大的启发和教育。同时看到祖国水产资源的丰富，海洋生活的乐趣，使同学们都更加热爱自己的专业，愿为水产事业献出一切力量，联欢会一直在真挚友爱里进行着。会后举行了余兴，在"团结就是力量"的歌声中结束了我们这次短暂而有意义的海上实习。

海上生活鍛練

·林煥章·

海洋漁業系一年級的同學，從七月十八日到廿日在本院實習漁輪進行了第一次的教學實習——海上生活鍛練。這次實習的內容分成兩個階段：熟悉海上生活，瞭解工業捕魚的基本概況；訪問漁村，瞭解漁民生活和生產情況。

參加實習的同學有廿六人，其中一部份對海洋是完全陌生的，還有一部份也多年沒有和海洋見過面，所以在出海實習之前，同學們在思想上是作了準備的。在動員大會上大家都提出了保證，不論在什麼樣情況下，有決心克服一切的困難，完成規定的實習內容。

七月十八日上午，同學們懷着興奮的心情踏上了實習漁輪。當我們到達的時候，受着船長和全體船員熱情的歡迎。十八日晚間乘着月色離開了水產公司碼頭出航到漁場去。同學們雖然到了睡眠的時刻，可是大家都願意留在甲板上觀看黃浦江和長江夜航的景色。學過航海的同學自己在桅對航道上的導航標誌，沒有學過的也忙着向別人學習航行的知識。夜航，同學們是多麼感到興趣呀！

駛向漁場的航程裏風浪是比較大的。由於同學們對海上生活還沒有什麼經驗，自然會感到不習慣，暈船吐浪的現象也是必然的，因為大家在出海之前思想已有了準備，當船舶搖擺最劇烈的時候，也就是暈吐最害的時候，大家都能聽從教師和船員們的勸告，堅持在甲板上工作或活動，經過一天的暈吐作鬥爭之後，差不多全部同學都能照常工作。許多同學在後來都說，暈船並不是什麼了不起的困難，祇要不睡覺，找事做，減輕心理緊張，暈船就可以克服的。

廿日以後大家都按規定的崗位進行操作或見習。航海值班的同學開始掌握，漁撈值班的同學見習舷拖網的起投網操作，並協助揀魚裝箱工作。同學們在工作中看到裝滿了魚的網，從海裏吊到船上，卸出了各樣各式的魚蝦在甲板上亂蹦亂跳，同學們微笑的臉，估計每網的收穫；同時認識了許多從來看過的魚類，搜集海裏小動物的標本，海上生活是多麼愉快，有趣呢！祖國有綿長的海岸綫，蘊存着數不清的水產資源，我們都是未來的水產工作者，怎樣才能捕撈更多的魚以滿足廣大人民的需要，這正是我們應負的責任。同學通過了親身的體驗，對海洋，對自己的專業，都有更深一步認識和瞭解。

在實習過程中，實習輪全體船員對同學們的實習和生活都付以極大的關懷和幫助。船長向同學說明了船上的各種制度，特別提出了關於節約用水問題，使同學們更深刻瞭解在海船上節約淡水的重要意義。漁輪的結構和性能由二付講解，並且還詳細介紹了舷拖網的操作技術。同學們都說這一課上得特別好，對舷拖網漁業得到了比較系統的概念。通過這一階段的實習爲今後專業學習打下了初步的基礎。

爲了使同學在緊張的勞動和學習之後能夠得到一定時間的休息，在晚飯後有文娛活動，同學們有的欣賞海景，眺望着鮮紅的落日斜照船首，微波蕩漾，遠處海鷗數點逍遙海面，宛如置身詩境，或是歌唱祖國，或是漫談海上見聞。一對對的海豚，追波逐浪，不時在船邊出現，誰說海上生活沒有樂趣呢！

第二階段是進行漁村訪問，我們遊覽了嵊山的箱子塊漁港，看一看漁村合作化的新氣象。在沈家門參觀了魚粉廠，廠裏負責同志說由於國家對外貿易的發展，我國魚粉在國外市場供不應求，說到魚粉原料時，這又關聯到海洋漁業的問題了。最後訪問了普陀漁業生產合作社并和他們舉行了座談，這個社是比較小型的，祇有十多艘漁船，但社員的收入逐年增加，他們今後的規劃，是向機帆船發展，漁民們對社會主義建設的遠景都滿懷信心，這次訪問給同學對漁民生活情況有深切的瞭解，同學對漁業社會主義改造也有進一步的認識。我們訪問的時間雖然很短但所得的收獲是很大的。

在回航的途中，全體船員們和實習教師及全體同學舉行了聯歡會，大家都親切誠懇地說出了每個人對這次實習的感受。船員們對實習同學指出了實習中存在的缺點，提出了要求和今後努力的方向。他們特別地說到，這次實習有個特點，就是海洋漁業系有了女同學，她們在工作中的表現，能夠和男同學同樣的信任，在黨的培育下一定能鍛鍊成一個優秀的漁船女船員。同學們首先向全體船員同志對這次實習所給予的關懷和幫助表示感謝，誠意接受船員同志們的寶貴意見作爲今後努力的標準。也談到了這次實習中的收獲，大家認爲暈船是可以克服的，我們應該使海洋向我們屈服，毛澤東時代的青年應該有這樣的毅力，我們並沒有被風浪所嚇倒。船員們日夜辛勤的勞動，給我們有很大的啓發和教育。同時看到祖國水產資源的豐富，海洋生活的樂趣，使同學們都更加熱愛自己的專業，願爲水產事業獻出一切力量，聯歡會一直在眞摯友愛裏進行着。會後舉行了餘興，在"團結就是力量"的歌聲中結束了我們這次短暫而有意義的海上實習。

《海上生活锻炼》，《上海水产学院院刊》创刊号（1956年8月29日）

（四）远航归来

海 婵

本文原载于《上海水产学院院刊》创刊号第 4 版，1956 年 8 月 29 日

记渔—暑假实习生活

晚上，航道上亮起了红的、白的指航灯，我们的"水产号"已经驶出长江口了。

初次出海

海洋，开始骚动了。海浪冲上了甲板，还猛烈地扑到驾驶室的玻璃窗上，船身好像醉汉一样，颠颠簸簸。海在旋转，浪花在飞舞……

驾驶室里，四个值班的同学突然头昏目眩，整个内脏好像都在动……，有两个同学忍受不住，跑出去哇哇地吐了。小朱按照她过去在技术学校时实习的经验，知道这一吐不打紧，也许暂时会好过一些，但是以后就可能一次再一次地吐起来。她尽力把翻出来的口水咽下去，又把头探到门缝边，吹着凉风，注视着无边的海，渐渐地感到舒适了一些。

下网捕鱼

清晨，开始下网捕鱼了。风力还有六七级，浪头也不小。但是同学们牢牢记住了船长的忠告：晕船时不要净躺着，只有顽强地坚持工作，把注意力集中到工作上去，才能逐渐地适应海上生活。

四十多个同学分成了几个小组：有的测量着风向、风力、风速，把海水打上来，量量它的温度；有的从罗经推测着航向，把计程仪的螺旋投在水里，计算船的速度；有的站在前网板、后网板的边上，观察船员的操作；有的分布在驾驶室里，看怎样配合起网、卸网调动船首的方向，改变航行的速度；有的帮着拣鱼和装箱……。

海上的生活真是新鲜有趣。大黄鱼在甲板上"咕咕""咕咕"，叫

得像小青蛙一样；海鳗一口咬住人的鞋子，死也不肯张口；银色的带鱼在刚起水的一霎（刹）那，还会像鳝鱼那样攒出网眼，逃回海里去了。那些随着渔网来的大群海豚，它们一探头，露出在海面上的脊背就有一丈来长。还有那比饭碗还大的海螺，奇形怪状的小蟹，都是陆地上看不到的珍物。

周游海岛

周游海岛，这是海上生活锻炼的最后一个活动。同学们到了几个比较大的岛上去观光了一下。在嵊山的浅滩上捡了贝壳，戏弄了海潮；到沈家门，作了一场篮球友谊赛，还参观了鱼粉厂。大家还兴致勃勃地参观了佛教圣地——普陀山。有个寺院，里面保存着慈禧太后的题字，济公活佛的龙袍，珍珠串成的塔，还有刻了六十多种图案的贝壳。下山的时候每个人还买了一些石图章和玉石雕的小鸭、猴子等民间艺术品做纪念。

十天的航行结束了。同学们一路上欢欢喜喜地向已经相识的海岛招手告别，大家不约而同地唱着"远航归来"。

遠航歸來 ·海嬋·

記漁一暑期實習生活

晚上，航道上亮起了紅的、白的指航燈，我們的"水產號"已經駛出長江口了。

初次出海

海洋，開始騷動了。海浪冲上了甲板，還猛烈地扑到駕駛室的玻璃窗上，船身好像醉漢一樣，顛顛簸簸。海在旋轉，浪花在飛舞……

駕駛室裏，四個值班的同學突然頭昏目眩，整個內臟好像都在動……，有兩個同學忍受不住，跑出去哇哇地吐了。小朱按照她過去在技術學校時實習的經驗，知道這一吐不打緊，也許暫時會好過一些，但是以後就可能一次再一次地吐起來。她盡力把翻出來的口水嚥下去，又把頭探到門縫邊，吹着涼風，注視着無邊的海，漸漸地感到舒適了一些。

下網捕魚

清晨，開始下網捕魚了。風力還有六七級，浪頭也不小。但是同學們牢牢記住了船長的忠告：暈船時不要淨躺着，只有頑强地堅持工作，把注意力集中到工作上去，才能逐漸地適應海上生活。

四十多個同學分成了幾個小組：有的測量着風向、風力、風速，把海水打上來，量量它的溫度；有的從羅經推測着航向，把計程儀的螺旋投在水裏，計算船的速度；有的站在前網板、後網板的邊上，觀察船員的操作；有的分佈在駕駛室裏，看怎樣配合起網、卸網調動船首的方向，改變航行的速度；有的幫着揀魚和裝箱……

海上的生活真是新鮮有趣。大黃魚在甲板上"咕咕""咕咕"，叫得像小青蛙一樣；海鰻一口咬住了人的鞋子，死也不肯張口；銀色的帶魚在剛起水的一霎那，還會像鱔魚那樣鑽出網眼，逃回海裏去了。那些隨着漁網來的大羣海豚，它們一探頭，露出在海面上的脊背就有一丈來長。還有那比飯碗還大的海螺，奇形怪狀的小蟹，都是陸地上看不到的珍物。

周游海島

周游海島，這是海上生活鍛鍊的最後一個活動。同學們到了幾個比較大的島上去觀光了一下。在嵊山的淺灘上揀了貝殼，戲弄了海潮；到沈家門，作了一場籃球友誼賽，還參觀了魚粉廠。大家還興致勃勃地參觀了佛教聖地——普陀山。有個寺院，里面還保存着慈禧太后的題字，濟公活佛的龍袍，珍珠串成的塔，還有刻了六十多種圖案的貝殼。下山的時候每個人還買了一些石圖章和玉石雕的小鴨、猴子等民間藝術品做紀念。

十天的航行結束了。同學們一路上歡歡喜喜地向已經相識的海島招手告別，大家不約而同地唱着"還航歸來"。

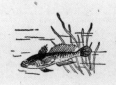

附录
捕捞学科的回顾

周应祺

一、历史回顾

我是 1959 年到上海水产学院就读"工业捕鱼专业"。当时,侯朝海先生是海洋渔业系的系主任。张友声教授是捕捞教研室主任。乐美龙教授是年轻有为的青年教师。而我,毕业后留校,一直工作了 50 年,于 2014 年正式退休,现在仍然住在军工路校区的家属宿舍,与上海水产学院一起相伴了 59 年。我的 20 世纪 80 年代初入学的学生也到退休年龄了。我是一个与上海水产学院创办初期的元老们有一面之交,又为目前还在上海海洋大学海洋科学学院的莘莘学子们授过课,一起讨论和开展教育改革,伴随捕捞学的发展度过一段不短的时光。

捕捞学科可以追溯到 1912 年学校初创时建立的渔捞科。在 1929 年冯顺楼先生就对捕捞学所涉及的学科、内容提出了全面的规划,设置了各种渔业介绍、渔具制作、船舶运用等与生产相关的科目。按现在的语言,培养目标是渔船船长、大副或渔捞长等,具有明显的职业培训的特征。该规划指导了半个多世纪的"捕捞学"教育实践,至今仍然是捕捞学的基本大纲。

20 世纪 50 年代,苏联专家到我校举办师资培训班,带来整套教学计划和学科建设的框架。工业捕鱼开设 38 门课，机械工程类设置了高等数学、理论力学、材料力学、机械原理与零件设计、水力学、渔业机械、船舶原理、渔船设计、电工学、电子学、无线电技术与雷达、渔业电子仪器等，还有海洋学、气象学、水生生物学、鱼类学等相关课程。当然，专业课程是渔具学、渔法学、渔场学、渔具材料工艺学，以及航海学、船舶驾驶等。苏联教学大纲的培养目标是渔业机械工程师，也可担任船长、大副。从学科的角度，很明显是培养一名工程师。从就业看，具有职业培训的功能，如果要加强航海等方面的能力，则需另外加课。

　　苏联大纲对我校捕捞学的影响仅仅几年时间。专家培训班结束时，正遇大炼钢铁和开门办学。学生进入校门就上船出海，将当渔船船长作为第一目标。中央颁布"高教六十条"整顿高等教育秩序，党委设立教学试验田，将工捕 64 级作为试点，也就是我所在的班级，基本参照苏联大纲开设了 38 门课。部分同学进行毕业设计，部分同学出海实习。呈现培养工程师与渔船船长两个目标并存的局面。

　　经过十年动乱和恢复高考后，培养目标中"教育为生产服务"被演绎成培养能顶岗作业的"螺丝钉"。历经几次教改，逐步将机械工程类课程砍去，化学等课程也没有幸免，就剩下与渔船船长有关的科目。一直发展到 1985 年，成百名师生参与远洋渔业船队顶岗工作。教育为生产服务，将论文写在江河湖海上，得到社会肯定，获得国家级教学成果一等奖和二等奖。

　　然而，值得注意的是国际上高等教育发展的趋势——"走向综合"。在 20 世纪 70 年代，各国都拥有一批专业性学院，如化工学院、农学院、渔业学院等。然而到了 20 世纪 80 年代，这些专业性校名几乎都消失，褪去专业色彩，呈现中性校名，多半用地理名称为校名。水产学院也毫无例外地纷纷改名为海洋大学。从校名的改变反映了高等教育走向综合的客观规律。大学是以学科来构建的，其他高校毫无例外地去掉了原有专业字样，成为综合性大学，确切地说，是具有特色学科优势的综合性大学。

　　我校的捕捞学等学科也发生延伸，向综合性发展。20 世纪 80 年代中期，FAO 在我校举办渔业科学与管理的系列培训班，从生物学的渔业资源管理，到数学模型的预测评估，进一步融合生物经济的概念，提出可持续发展的概念，而后又发展到渔业经济、计算机的信息管理和生物经济学分析模型（BEAM）等，以及依法管理的海洋法和渔业法规等，成为我国对渔业综合管理的开篇。将渔业资源学与数理统计、数学模型、海洋环境和动力学等结合，使捕捞学科得到新的发展。

研究生教育的开展促进了捕捞学的学科建设。捕捞学也在 20 世纪80 年代初提出了"渔具力学"和"渔具材料学"作为渔具学的基础，而渔具学本身也演化为"渔具设计学"。此外，"应用鱼类行为学"作为渔法学的基础，"海洋动力学"和"渔业资源学"等作为渔场学的基础，开始将捕捞学专业以学科为基本单元进行构架建设，开展研究生教育。

可以看出，捕捞学的大框架仍然受到我校在 1990 年前提出的课程设置影响，以培养"螺丝钉"为主。但近期的发展，明显地以学科为单元进行有层次地构建，具有更大的拓展性及多学科支撑，萌发多个学科生长点的欣欣向荣的景象，呈现人才培养的良好势头。

通过建设，努力使捕捞学达到一流水平。

二、学科发展回顾

看了汪洁编写的《上海海洋大学档案里的捕捞学》，引起一系列的遐想和回顾。因为了解 20 世纪 50 年代前情况的人不多，故写下来，否则会忘记了。

一个学科的建设和发展，或衡量学科水平涉及三方面的因素。首先是专家队伍；其次是理论创新和文章、教材等物化成果；还有实验装备（拥有的手段）。

（一）专家队伍

在材料中，根据档案记载，对捕捞学科建设初期的人物给以客观的反映，包括筹建者和当时的管理者、聘请的教师等。对 20 世纪 50 年代至今的捕捞学的带头人、专家教授也都有所反映。

（二）理论创新和学术成果

有关捕捞学科的理论创新和学术成果，已经通过教材和获奖等信息给以反映。若能进一步给以深入的表达，则可以看出捕捞学科的发展和进步，以及我校专家教授的贡献。例如，办学初期是冯顺楼、张友声和侯朝海等人，学习引进日本的教学体制和大纲，开设了一系列的课程。这些课程的设置影响了整整一百年，至今还在发挥作用。

到了 20 世纪 50 年代，学习苏联的教育体制和专业设置，以乐美龙教授为代表的青年教师，翻译了大量俄文教材，编写了我国第一套捕捞学的专业教材，这些教材都在文章中得到反映。这些教材的特点是从理论上，采用工程技术、物理学等现代科学知识，对生产中的现象进行了分析和解释，在理论上系统化。乐美龙教授主编的《渔具理论与计算一般原理》是引进苏联教材消化吸收的典型代表。这套教材成为我国捕捞学的奠基石。

直到改革开放，我国学者到欧洲等西方国家学习，从更广的多学科交叉融合的角度着手发展捕捞学。不再是停留在经验的总结，而是系统地从理论上，通过实验、水下观察等手段，了解自然界的奥秘和规律。周应祺、许柳雄编写的《渔具力学》《应用鱼类行为学》以及《渔具设计学》等都是从学科的角度对捕捞学进行构架。引进了流体力学、弹性力学、理论力学、有限元分析等基础学科的理论，观察分析捕捞过程的各种现象，使捕捞学科的理论体系得到发展。也为实现选择性捕捞、对环境和生态友好的渔具渔法提供了基础。计算机技术的发展，使得渔具动力学和数学力学建模成为可能，也为渔具力学，或者成为柔性体力学的发展提供广阔的空间。例如网状构件、降落伞、帆布构件等柔性体的力学具有更广泛的用途。

另一方面，我校长期密切关注渔业捕捞生产活动，大批师生参与远洋渔业等实践，对捕捞学科的发展壮大起了重要促进作用。在生产实践的认知基础上，捕捞教研室开设了《国际渔业》、《渔获物保鲜与处理》《计算机在渔业中的应用》《渔具测试技术与仪器》《声光电渔法》《捕捞英语》等课程，使捕捞学向多种学科方向延伸。仅仅《国际渔业》就有三种版本，王尧耕教授开设的《国际渔业》以地理经济学为特征，王维权开设的是以渔业合作项目为重点的国际渔业，季星辉教授则从介绍各个国家的自然条件和渔业产业情况为主，呈现百花齐放的局面。这些教材和课程展现了捕捞学与经济学、管理学、地理环境、质量保证等多方面的延伸。

这也反映了捕捞学长期以来的"争论"，张友声教授的文章对此进行了阐述，但问题过了一百年仍然存在。实际上是"两条腿走路"。相互补充，成为上海海洋大学的特点。

（三）实验手段

实验手段，即实验室及其装备，是现代科学研究不可缺少的。捕捞学在 20 世纪 60 年代以前没有实验室，充其量有一个编织和装配网具的场地和渔具陈列室，后期建立了渔具材料的测试实验室。尚未涉及捕捞学的实验研究手段。在乐美龙教授的推动下，我校 20 世纪 60 年代建造风洞实验室，用于对渔具构件的基础研究。东海水产研究所建了静水槽，用于拖网渔具的形状观察和力学性能测试。但是受到十年动乱的干扰，这些先进的设备对捕捞学的发展未能发挥应有的作用。

周应祺是我国实行改革开放以来，第一批到西方学习的科技人员，1979 年 12 月 8 日出国。选择了世界上顶尖的英国阿伯丁海洋研究所和白鱼局渔业发展署的渔业研发中心，在渔业电子实验室、渔具测试中心和鱼类行为研究部等任访问学者，研究电捕鱼、圆锥网的水动力学性质和鱼类游泳行为能力等。1982 年 3 月回国，向校党委汇报，介绍捕捞学的四项重大装备：渔具专用动水槽、捕捞航海模拟器、水下观察设备与测量仪器和科普流动车。党委当即决定利用世界银行贷款在我校建设渔具专用动水槽。派黄亚成副书记赴京汇报，并得到北京的支持，同意立项。后来因我国电力严重短缺，无法支持动水槽的用电需求，项目搁浅，改为引进捕捞航海模拟训练器。该设备是在大量渔具测试数据、渔具理论和渔船船长的实践经验的基础上，采用了先进的计算机技术，提供模拟真实的环境，对学员进行训练，是世界领先的设备，也是实现瞄准捕捞的关键性训练设备。

另一项渔具水下观察和测量设备，通过长期积累，尤其是淞航号的建造，我校已拥有成套的系列的水下网具观察测量仪器，有利于开展海上实测和观察。

经过半个世纪后，我校终于建设了渔具专用动水槽，可以开展基础性研究、渔具优化，以及对渔船船长的培训等工作。捕捞学的发展获得了有力的支持。

2018 年 12 月 11 日于上海寓中

参考文献

1. 水产辞典编辑委员会.水产辞典［M］.上海：上海辞书出版社，2007.
2. 潘迎捷、乐美龙.上海海洋大学传统学科、专业与课程史［M］.上海：上海人民出版社，2012.
3. 上海市地方志编纂委员会.上海市级专志.上海海洋大学志［M］.上海：华东师范大学出版社，2016.

后　记

　　上海海洋大学捕捞学起源于民国元年（1912年）江苏省立水产学校初创时设立的渔捞科。一百多年来，捕捞学与学校同发展共命运，饱经沧桑而不衰，历受磨难而更强；一百多年来，捕捞学从无到有，从稚嫩到成熟，从学习日本，到学习苏联，再到自我创新、探索，走出了一条学习借鉴、创新发展的道路；一百多年来，捕捞学为国家做出了重大贡献，多次承担国家攻关和农业部、上海市海洋渔业科研项目，多次获得国家级、省部级科技进步奖等奖项，为国家培养和输送了大批渔业科研、教育、生产和管理优秀高级专业人才。学科总体水平处于国内领先地位。这一成就的取得，是历代捕捞学工作者不忘初心、薪火相传、搏浪天涯、勇立潮头、砥砺前行的结果。

　　岁月不居，时节如流。捕捞学百年沧桑、百年奋斗、百年成就已凝固在层层的历史记忆里。拨开尘封历史，挖掘珍贵记忆，再现精彩瞬间，传播海大精神，不仅是兰台人的使命，也是兰台人的责任与担当。

　　本书编者结缘档案学已有三十载，爱人是捕捞学教授，从事捕捞学也有三十载，生活中档案学和捕捞学已无处不在。对于这两门学科的热爱和对捕捞学历代工作者的敬意，最终搭载在档案情结上，汇织出思绪文路，编撰出了这本以档案为题材的捕捞学。

　　在本书编撰过程中，编者试图用专业的智慧、思索的大脑、发现的眼光和真切的情感，体会与自己朝夕相处了三十年的行当和捕捞学，提炼绵长历史中的点点滴滴，反映捕捞学科发展的脉络，弘扬历代捕捞学工作者与民族兴衰同荣辱，与国家发展共命运，与产业发展相始终的精神。

　　本书素材来源于学校档案馆馆藏档案（1904—2018）。由于时间紧，为了编撰成书，在不到一年的时间里，编者常利用节假日、寒暑假，在档案库房成册成堆的案卷中，进行大量而深入艰苦的材料搜寻、挖掘，并对此进行整理、提炼、编撰。

　　需要说明的是，在编撰中，对于档案原始史料中使用繁体字的，统一使用简化字；对于未加标点的，重新进行标点；对于错字，在错字后用圆括号"（ ）"标明正字；对于增补的漏字，亦用角括号"〔 〕"标明；对于残缺的字，每个字用一个空方格"□"表示；对于删节部分，用省略号"……"表示。然而，尽管如此，仍难免存在一些讹误，恳请读者不吝指正。

　　本书的编辑出版得到学校领导的高度重视和大力支持，也得到学校"一流学科"文化建设项目的支持，党委书记吴嘉敏教授亲自为本书作序，原校长周应祺教授亲自为本书撰写《捕捞学科的回顾》，在此深表敬意和感谢！同时，感谢原校长乐美龙教授、周应祺教授、原副校长黄硕琳教授、上海市档案局科技教育处处长朱建中对本书的审校和指导。感谢吴嘉敏书记等校领导百忙中对本书的审阅。宣传部部长郑卫东研究员、海洋科学学院院长陈新军教授、许柳雄教授、研究生院院长王锡昌教授、科技处处长杨正勇教授、教务处处长江敏教授、档案馆馆长宁波副研究员等对本书的审阅和指导，在此谨表谢意！

　　在本书编撰中，得到校长办公室副主任张雅林的帮助，得到档案馆馆长宁波副研究员等领导的关心和支持及档案馆全体工作人员的配合。捕捞学硕士研究生王迪、周旺参与图片扫描、校对，本科生李丹丹、张婧妍参与文字输入，上海三联书店（出版社）

殷亚平副主任、方舟副编审等为本书高质量的付梓出版付出了辛勤劳动，爱人宋利明教授、儿子宋浩博给予默默的关心和支持，在此一并致谢。

因馆藏资源、编撰时间和编者水平有限，书中疏漏和不当之处，恳请读者批评指正。

汪洁

2018 年 12 月 19 日

渔界所至

一九零四年，张謇向清廷提议
办水产学校，并在奏折中提出"渔界
所至，海权所在也"的思想。学校
此概括为"渔权即海权"。

图书在版编目（CIP）数据

上海海洋大学档案里的捕捞学 / 汪洁主编 .-- 上海：
上海三联书店，2020.1
ISBN 978-7-5426-6530-0

Ⅰ. ① 上… Ⅱ. ① 汪… Ⅲ. ① 渔捞学 Ⅳ. ① S97

中国版本图书馆 CIP 数据核字（2018）第 245510 号

上海海洋大学档案里的捕捞学

主　编 / 汪　洁

责任编辑 / 方　舟
装帧设计 / 一本好书
监　　制 / 姚　军
责任校对 / 张大伟

出版发行 / 上海三联书店
　　　　　（200030）中国上海市漕溪北路 331 号 A 座 6 楼
邮购电话 / 021-22895540
印　　刷 / 上海惠敦印务科技有限公司

版　　次 / 2020 年 1 月第 1 版
印　　次 / 2020 年 1 月第 1 次印刷
开　　本 / 640×960　1/16
字　　数 / 380 千字
印　　张 / 22
书　　号 / ISBN 978-7-5426-6530-0/ S · 4
定　　价 / 138 .00 元

敬启读者，如发现有书有印装质量问题，请与印刷厂联系 021-63779028